# Yetzelin, la forma de los primeros fuegos artificiales

## Una historia de un viaje científico

Héctor Bello Martínez

25 de septiembre de 2020

A aquello y aquella q nos motiva...

La mujer misteriosa: La madre del Universo
La esencia del todo no muere.
Es la mujer misteriosa, madre del Universo.
El camino de la mujer misteriosa
es la raíz del cielo y de la tierra.
Su duración es perenne, su eficiencia infatigable.
   (Tao Te King)

... Porfavor disculpa no enviarlo por correo, pero no sé tu dirección.

# Índice general

1. Prólogo     1
2. Prefacio     3
3. Introducción     5
4. **En un instante del tiempo**     9
   - 4.1. El reloj original ..................... 11
   - 4.2. La distancia del tiempo ............... 13
5. **Fuegos artificiales**     19
   - 5.1. Con tu física y tu química y tu cuanto de energía. ......... 22
   - 5.2. La bomba atómica, el CERN y los primeros fuegos artificiales    26
6. **¿Cómo? ¿regresar en el tiempo?**     37
   - 6.1. Curva cerrada de tiempo, protección cronológica y el principio de autoconsistencia................ 40
   - 6.2. Antipartículas e irreversibilidad, dos sentidos opuestos ........... 42
7. **Nombres divinos, Y vs J**     45
   - 7.1. QGP y la diosa Shri.................. 50
8. **La belleza de su forma**     55
   - 8.1. La forma de los eventos, simetría vs asimetría........... 58
9. **Una interacción fuerte, ¿como el amor?**     61
   - 9.1. Amor y Ciencia, pasiones del alma ............... 64
10. **La disimilitud el camino a la comprensión**     67
    - 10.1 La eterna duda, el rol del azar y las matemáticas ......... 69
11. **La entropía, volante del tiempo y el 2020**     73
    - 11.1 COVID 19, y eventos inesperados .................. 77
12. **¿Y ahora? ¿hacia donde vamos?**     81

12.1  La comunicacion y la cuántica ............................................82
12.2  El rumbo de la ciencia..................................................84

**13. Epílogo**       **89**

# Índice de figuras

4.1. ¿Puede el lector identificar el Rolex original de una copia?. . 11

4.2. El espacio-tiempo, como esa construcción mental del universo. *"La simultaneidad de dos eventos, o el orden de su sucesión, la igualdad de dos duraciones, tienen que ser tan definidas que el enunciado de las leyes naturales debe ser tan simple como se pueda. En otras palabras, todas estas reglas, todas estas definiciones son solo fruto de un oportunismo inconsciente"* [14].. . . . . . . . . . . . . . . . . . . . . . . . . . . . . . . . . . . . . . . 13

4.3. a) hasta $t_1$ los eventos son determinados pero no después, b) los eventos son determinados hasta $t_2 > t_1$ pero no posteriormente [20] ................................................................15

4.4. Concepción del multiverso: a) un universo infinito debería englobar un número infinito de volúmenes de Hubble (con longitud de Hubble de 14.4 billones de años luz), todos ellos con leyes y constantes físicas iguales a las nuestras, b) los procesos aleatorios cuánticos provocan la ramificación del universo en múltiples copias, una para cada posible universo, Max Tegmark propone la clasíficación de estos multiversos [24].    16

5.1. Fuegos artificiales en a) Ferney Voltaire Francia (2014), b) Ginebra Suiza (2015), c) Huamantla Tlaxcala (2018), d) Mazatlán Sinaloa (2019), e) concurso en Nagano Japón (2012), f) fuego artificial donde se aprecian 2 chorros de luces saliendo del centro g) Vietnam, h) fuegos artificiales de 24"(600mm) de calibre................................................................20

5.2. Yonshakudama. (arriba) Comparación dimensional, (abajo) el instante de la 1ra explosión y un momento posterior. ...............21

5.3. Sección de un proyectil esférico para fuegos artificiales, se puede apreciar la estructura interna que contiene estrellas bombeadas, cortadas y rodadas [55]................................23

5.4. Para elegir el color de los fuegos artificiales y que sean lo más placenteros a la vista, los pirotécnicos usan este diagrama cromático [57]. ................................................................24

5.5. a) El núcleo de uranio-235 se rompe en dos fragmentos más ligeros (kriptón-89 y bario-144, por ejemplo) liberando 2 o 3 neutrones, b) Dado que cada uranio-235 produce 2 o 3 neutrones, se genera una reacción en cadena que multiplica la cantidad de energía producida. ..................28

5.6. Un esquema sencillo de tres tipos de bombas nucleares: a) Bomba de fisión de uranio por disparo (generacion 0 tipo Little boy): 1. Aletas estabilizadoras, 2. Cola, 3. Entrada de aire, 4. Detonador de presión, 5. Contenedor de plomo, 6. Brazo detonador, 7. Cabeza detonador, 8. Carga explosiva, 9. Proyectil Uranio-235, 10. Cilindro del cañón, 11. Objetivo 235 uranio con receptáculo, 12. Sondas para telemetría (altímetro), 13. Fusibles de disparo de bomba. b) bomba de fisión de plutonio por implosión (propuesto por John von Neumann) (1ra generación): 1. Iniciador de neutrones, 2. Coraza de plutonio, 3. Onda de choque, 4. Ariete, 5. Explosivo lento, 6. Explosivo rápido. c) bomba de fisión-fusión-fisión (4ta generación): 1. Explosivos químico, 2. Uranio-238, 3. Vacio, 4. Gas de Tritio, 5. Poliestireno, 6. Uranio-238, 7. Litio 6 deuterio, 8. Plutonio, 9. Envolvente reflejante. ..................31

5.7. Dispositivo de la bomba atómica de la prueba Trinity. (derecha superior) Louis Slotin y compañia transportando el nucleo de la bomba. (derecha inferior) Imagen de la prueba, se puede observar el brillo de la onda expansiva..................32

5.8. Vista transversal del tubo conductor del haz dentro del LHC.   35

5.9. a) Un ejemplo de simulación a partir de los datos de la desintegración dos protones de muy alta energía generando un Bosón de Higgs en el decaimiento en dos haces de hadrones y dos electrones en el detector CMS del LHC en el CERN. Las lineas representan las posibles vias de desintegración, mientras que la zona en azul claro representa la energía obtenida en la desintegración de las partículas en el detector. b) Una visualización de las trazas dejadas por el paso de las partículas en colisiones de iones pesados en el experimento ALICE del CERN..................36

6.1. a) Impresión artística de un agujero negro giratorio, alrededor del cual el efecto Lense-Thirring (frame-dragging) debería ser significativo. b) Ronald Mallet y su prototipo de máquina del tiempo basada en haces de láseres circulantes. ..................39

6.2. a) Curva cerrada de tipo tiempo, b) Receta para construir una curva cerrada en el tiempo en coordenadas cartesianas del espacio tiempo de Gödel [171]. ..................41

6.3. a) El humo y trazas de partícula antipartícula, b) Cámara de niebla del descubrimiento del positrón, c) Diagrama de Feynman-Stueckelberg de colisión electrón-positrón, d) el rompimiento de una copa de vino. .................................................... 43

7.1. (Izquierda) Samuel Ting mostrando la estructura de la masa invariante de la partícula J en un gráfico. (Derecha) La huella que dejaba la partícula Ψ. 48

7.2. El trimurti (Brahma, Vishnú y Shiva) una analogía a la estructura del protón que se forma por 3 quarks (2 quarks u y un quark d) .................................................................................. 51

7.3. El Tridevi (a) Lakshmi, b) Sarasvati y c) Parvati) y el El trimurti (d) Brahma, e) Vishnú y f) Shiva). .................................................. 52

7.4. a) Plasma de quarks y gluones, b) cargas de color (R,G,B,anti-R,anti-G,anti-B) donde las líneas entre cada quark con alguna carga de color, representan un campo parecido al electromagnético llamado campo de color. 53

8.1. "La visión de una mirada" (Acrílico 64.4 x. 39.8) Es una representación de esa visión q percibimos al entrar en la mirada de la persona: su pasado, presente y futuro. Las dimensiones son tales q la obra está dentro de un rectángulo áureo, y el dibujo se esboza por 3 espirales áureas levogiras, las espirales son construidas a partir de 3 rectángulos áureos de distintos tamaños construidos a partir del primer rectángulo áureo.       57

8.2. a) Visualización las trayectorias de las partículas despues de un evento de colisión, en azul se observa un antideuterón (experimento ALICE-CERN) b) Evento isotrópico tipo mercedes, con el cual descubrieron en 1979 el gluón en el experimento DESY en Alemania. .................................................... 59

9.1. Densidad de energía de la interacción a) Gravitacional, b) Electromagnética c) Débil y d) Fuerte. ............................................. 63

9.2. Energía potencial (Ep) versus distancia (r) para: núcleo duro (en rojo), fuerzas nucleares (azúl), Coulombiana (verde), de Yukawa (magenta). .............................................................. 64

10.1. (izquierda) El físico Richard Feynman (1918-1988), (derecha) el matemático George Polya (1887-1985) ............................................ 70

11.1. a) La entropía en un reloj que se desintegra, indicando de manera subjetiva que la flecha del tiempo es dada por la evolución a ese estado de átomos desordenados, b) Fenómeno conocido como antidifusión. .................................................................................. 75

11.2. Mapa de la pandemia COVID-19, a fecha del 01 de julio de 2020 [202]. ....................................................................80

12.1. En un futuro quizá los niños podrán usar dispositivos que no tendremos idea como funcionarán. ...................................................85

13.1. La sombra de la forma de los primeros fuegos artificiales. ..........108
13.2. La forma sin las sombras de Yetzelin............................................ 109

# Índice de cuadros

5.1. Sales metálicas responsable de cada color [57]. ...............................24

13.1. Aquí van sus notas. ............................................................................90

# 1
# Prólogo

Este texto será agregado en un futuro por el primer lector de éste libro que se anime a dar su perspectiva general y particular de la obra, tan sólo esperemos a que el tiempo avance y el lector decida escribirlo para que al enviarlo en una máquina del tiempo hacia el pasado, a una época donde se comienza a redactar el manuscrito y el correspondiente texto, con el nombre de prólogo llegue a manos del redactor y sus palabras comiencen a tomar forma y color en las páginas del libro. Si aquel viajero del tiempo llegase, favor de enviarlo a la dirección de correo electrónico que aún se utiliza (*clever 884@hotmail.com*) asíentonces el texto comenzaría así

# 2

# Prefacio

> El viaje no termina jamás. Sólo los viajeros terminan. Y también ellos pueden subsistir en memoria, en recuerdo, en narración... El objetivo de un viaje es sólo el inicio de otro viaje.
>
> José Saramago

La historia de este libro nace de un error, lo cual me recuerda a la frase shakesperiana "Sin non errasset, fecerat ille minus" (si no errase hubiera echo menos), el error no lo contaré por el momento, pero ocurrió en un punto en una etapa de mi vida el cual desencadenó toda una avalancha de sucesos tanto en mi vida personal como profesional que denotaré como gravedad, y que de no haber ocurrido, la probabilidad de que este libro con esta historia fuera escrita sería nula.

La forma de acercar a la gente en el mundo de la ciencia es volviéndola cotidiana, el escuchar a diario una palabra tan rara hace que la gente se pregunte por su significado, para así poder entender a qué o quién se refiere, a veces lo importante en un primer instante es entender el concepto, posteriormente cada uno puede sumergirse tanto como quiera en esa palabra, pero el echo de que ésta sea percibida de alguna manera hace que exista al menos en la mente.

A través de esta historia corta, mi intención es darle existencia por lo importante que se ha vuelto para mi tanto en la mente como en el corazón, es por eso que la redacción de este libro la he realizado de tal manera como si de un viaje tan usual pero tan único se tratara, en el que existen aventuras, amores, decepciones y aprendizajes, intentando que; a pesar de que pudiera haber pasado por cualquiera, pueda ser comprendida a pesar de su profunda complejidad sin importar el nivel de lector.

Está previsto que en este viaje entre un mar de páginas el lector pueda reflexionar, opinar y cuestionar, de una u otra manera, sin importar cuantas veces lo haya leído. Al final el libro tiene como objetivo ser una lectura diferente para cada uno de los lectores, donde cada uno pueda tener su propia versión de ésta, a pesar de que el libro es sesgado por la visión, los pensamientos, sentimientos y la realidad del autor, sus palabras exhiben diversos significados. Así entonces para finalizar, lo único que me gustaría dejar en el lector es que el espíritu del concepto de este libro sea entendido, mas probablemente no sus particulares, algo como lo que expresa el siguiente aforismo: "hablar de la forma sin forma, no me dice a que forma me refiero, pero el concepto se que es entendido".

Así entonces, no me queda más que desearle al lector que se divierta plenamente leyendo las locuras de este su escritor.

El autor.

# 3

# Introducción

> Los locos viven inventando mundos... Y los cuerdos en mundos inventados

Dicen que toda persona debe escribir una historia en esta vida, y yo me di cuenta que era algo que no había echo, no por el echo de no tener tiempo, si no por el echo de que mi historia aún no ha terminado, pero luego pensé, que diablos puedo escribir al menos una parte de ésta, cuando alguien más la cuente no será como me hubiese gustado que fuera contada y prometo que no incluiré ninguna ecuación.

La forma sugerida para leer este libro es comenzar por el texto en itálica donde la obra literaria se plasma en su máxima expresión y donde la historia se cuenta sin un orden necesariamente cronológico, posteriormente, el texto normal expresa parte del trasfondo o el background de conocimientos sobre la cual sustento el discurso de la historia, para su mayor entendimiento se han puesto pies de página donde se explica de forma breve los conceptos, palabras, personajes o pequeñas historias que pueden resultar desconocidos para un público en general, pero interesantes de leer, así también se incluyen referencias a material bibliográfico donde el lector pueda profundizar a un nivel mas técnico del asunto y consultar más a fondo sobre el tema satisfaciendo su curiosidad y no dejarlo con el beneficio de la duda.

La historia está organizada en doce capítulos (como si de meses del año, u horas en el reloj se trataran), comenzando la historia por el capítulo 4, donde en éste capítulo la historia se comienza en un instante del tiempo, sin dar una fecha exacta, y que se le asocia al comienzo del "gran inicio", una época que yo iniciaría leyendo y al mismo tiempo escuchando una música de fondo llamada "Love in the Brain" de la cantante Rihanna, así me lo imaginé al escribirlo; así este capítulo está dedicado al tiempo, ese intervalo de sucesos, aquel que nos toma en escribir y reflexionar, así como sus posibles teorías y descripciones tanto filosóficas como científicas.

En el capítulo 5, comienzo con una historia de fuegos artificiales, el inicio del año 2020, y lo que posiblemente pasaría, este capítulo escrito en el año 2019, trataba de describir lo que podría ocurrir en este año, al ser un tema sobre un año nuevo y fuegos artificiales, el viaje en el tiempo hacia el pasado comienza, intentando imaginar los primeros fuegos artificiales que has visto durante tu vida hasta preguntarse por los primeros ocurridos en la historia del Universo, así dando un repaso tanto científico como histórico a través de este tema, hasta llegar al hecho científico de como los físicos intentamos viajar al pasado y descifrar ese instante del Universo, en un estado producido por un "Mini Bang" con una gran máquina de laboratorio, el LHC del CERN.

En el capítulo 6, la historia comienza con hechos que hacen pensar que nuestro personaje ha viajado en el tiempo hacia el pasado, se explica también lo que significaría viajar hacia atrás en el tiempo, se describen algunos detalles de la física y las teorías de la física moderna que impidirían esto para algún sistema macroscópico, pero también comentamos las posibilidades de un viaje hacia atrás en el tiempo, algo que podrían experimentar los sistemas microscópicos como las partículas, en especial la descripción de la antipartículas.

En el capítulo 7, platico una relación interesante partiendo del nombre del personaje secundario y se comienza una discusión de los nombres que involucran las letras Y vs J, haciendo alusión al hecho histórico del descubrimiento de una partícula peculiar que se encontró en dos laboratorios diferentes de física de partículas; así como también, se describe una pequeña explicación lo que es el estado de la materia llamado QGP (una descripción medio encriptada pero a la vez muy simple, intentando retar la mente del lector).

En el capítulo 8, la historia continúa con la idea de lo que es la belleza, comenzando desde el aspecto humano inspirado por aquella mujer desconocida, hasta enfatizar en la relación con la belleza de las matemáticas, la ciencia y la naturaleza del Universo.

En el capítulo 9, hablo acerca de una interacción física llamada la interacción fuerte, esa interacción que hace que la materia se mantenga unida, esa interacción que hace que los núcleos atómicos no se separen y desintegren por si solos; así también introduzco el tema del amor, y planteo una pregunta que se contesta al final del mismo capítulo. Durante este capítulo, también describo una relación curiosa que hay entre el amor y la ciencia, una especie de reflección y discusión que quizá, y espero así sea, llegue a inquietar la mente de todos los lectores, y quizá la mente humana. Es quizá en este capítulo donde intento darle un sentido de climax a la historia misma que cuento, algo que quizá deje encantado al lector.

En el capítulo 10, entro en una discusión un poco filosófica desde el punto de vista de varios físicos, incluida una pequeña discusión de mi físico favorito "el sensacional" Richard Feynman; así como también de algunos matemáticos cuyas diferencias y semejanzas sobre el tema del método científico son explicadas, algo que en general, en nuestra vida y como parte del desarrollo de la histórica, se intenta que se utilize para dar sentido, a como los personajes y la historia se ha ido contando.

En el capítulo 11, Es justo donde la historia llega a ese punto de la tragedia, visto desde la perspectiva "Shakesperiana" del personaje principal, así como también desde el sentido científico de la palabra. Temas como la irreversibilidad, la segunda ley de la termodinámica y el flujo del tiempo, son discutidos; así mismo, se relata el suceso histórico más fatídico no solo para el personaje si no también para la humanidad, el surgimiento de la pandemia COVID-19.

En el capítulo 12, trato de manera breve, un recuento de algunas preguntas que han surgido con el avance de la ciencia y la época de la física de la mecánica cuántica, así también invito a la reflección para que el lector intente dar una respuesta a la pregunta de ¿hacia donde vamos?, una pregunta que también trata de desmenuzar la intriga y dar desenlaze a la historia de este viajero, este viajero de la ciencia en el tiempo. Finalmente solo describo un epílogo dejando intrigado al lector por la historia y su posible desenlace desconocido hasta la fecha de la publicación de este libro.

Como nota aclaratoria pido disculpas por cualquier signo de puntuación o acentuación que no esté tanto en la copia digital de Amazon como en su versión impresa, desafortunadamente a pesar de que el texto fue escrito en LATEX y convertido en PDF, el software de conversión de Amazon parece tener algunas cuestiones técnicas que hacen no reconocer el texto como en el archivo original, algo de lo que me percaté al realizar las visualizaciones previas del libro en los diferentes modos de visualización, razón por la cual intenté corregir, pero no dudo que alguna que otro detalle se me escapara.

Éste texto se comenzó en octubre del 2019 y se finalizó a casi un año.

# 4
# En un instante del tiempo

> Todo tiene un comienzo y un final al menos hasta donde creemos saber, pero si en realidad no hay comienzo, ¿habrá entonces un final?

*... Y aquella historia comienza así, todo oscuro en tono tipo vantablack[1].*
*Es imposible decir donde, ni cuando, lo único que puedo decir es que, tan repentinamente y de forma simultánea, lo que se pudo percibir[2] al estilo Zeitgeist[3], fue una liberación de energía sonora, lumínica y calórica.*
*Esto da la suficiente informacion para poder reconstruir el fenomeno[4], lujuriántemente sonora como esa canción melódica que llamó mi atención, incluso tan lumínica como reacción de pirotécnia entre humo y sus efectos visuales producidos por la vibración armónica resonante de aquel instante, notablemente calórica como la expansión del espacio tiempo que dataría el mismo instante de la creación de este universo.*

---

[1] El Vantablack es una de las sustancias más oscuras desarrolladas por Surrey NanoSystems en Reino Unido, el cual absorbe hasta el 99.96 % de la luz visible [1].

[2] La realidad es aquello que se puede percibir, según George Berkeley filósofo Irlandés (1685-1753) en su teoría del inmaterialismo propuso que no se puede saber si un objeto es, sólo puede saberse un objeto siendo percibido por una mente, "esse est percipi" ("ser es ser percibido") [2], así todas las clases de fenómenos mentales no existen, sino que son meras ilusiones.

[3] Expresión del idioma alemán que significa: el espíritu (Geist) del tiempo (Zeit). Se refiere al clima intelectual y cultural de una era.

[4] Por otro lado, el filósofo prusianoalemán Immanuel Kant (1724-1804) afirmaba en su teoría del idealismo trascendental que las condiciones de todo conocimiento no son puestas por el objeto conocido, sino por el sujeto que conoce, "Todo lo intuido en el espacio y el tiempo y con ello todos los objetos de nuestra experiencia posible, no es más que fenómenos, esto es, meras representaciones, no tienen existencia propia e independiente aparte de nuestro pensamiento" [3].

*Si no existía tiempo, ¿por que tú, te creaste como mi universo entero? Así tú, esa singularidad infinita que al inicio en el instante del cronón[5], rápidamente expandiste todo lo que conozco y me maravilla de ti.*

*Antes no puede ser entendido clásicamente, más solo cuánticamente. Hace tiempo, regido todo por los efectos cuánticos de la llamada gravedad, incuantizable pero unificadas estaban mis 4 fuerzas fundamentales[6].*

*En ese momento como si de otra escala de energía se tratase, la gravedad se separó, la interacción fuerte estaba por ocurrir, aunque yo solo contaba con mi interación débil y electromagnética y así con eso, mi objetivo era reconstruir el pasado.*

*De repente estaba frente a mí, ese día dedicado al amor, toda mi ciencia, incapáz de explicar todo lo que ocurrió, lo que estaba ocurriendo y lo que estaba por ocurrir, pero ¿como podría usar esta herramienta para poder entender?*

Armar ese gran rompecabezas no es sencillo, lo necesario es tiempo y dedicación, tiempo para observar cada pieza, para ver donde encajan y mediante prueba y error se vaya reconstruyendo cada sección; todo esto sin la mas mínima garantía de que al final el rompecabezas quede armado, nadie sabe si realmente tiene todas las piezas y a pesar de contarlas nadie garantiza que tengas piezas repetidas o de otro rompecabezas.

Y si lo primero que necesito para contar esta historia es el tiempo, me pregunto, ¿qué es el tiempo?, ¿Es posible viajar hacia atrás en el tiempo para poder reconstruir un evento?, ¿Es posible viajar hacia el futuro y poder ver que ocurrirá?, ¿es posible que pueda viajar y distinguir entre un tiempo real de uno irreal o imaginario?

---

[5]También conocido el tiempo de Planck ($5.39 \times 10^{-44}$s), Max Planck ( físico teórico 1858-1947) establece en la mecánica cuántica que la historia del universo debe contarse a partir del momento en que culmina este primer tiempo.

[6]En la física se dice que existen solo cuatro fuerzas fundamentales: la fuerza fuerte, la fuerza débil, la fuerza electomagnética y la fuerza gravitacional, cada una con una intensidad importante a una escala de energía, y representada por una función matemática llamada Lagrangiana [5, 6], se piensa que en la era de Planck, estas fuerzas estaban unidas en una misma entidad, algo que se intenta lograr en la llamada Teoría del campo unificado [7, 8], que aún es un reto de la física teórica, esta idea de unificación no es tan descabellada ni nueva, y se puede remontar hasta la filosofía china según la cual existe un estado primigenio del universo no diferenciado, al cual ellos denominan como "Wuji" [9], un estado anterior al que ellos denominan el "Taiji" o gran polarizacion donde coexisten 2 fuerzas que ellos denominan como el "Yin" y el "Yang". La palabra "Wuji" está compuesta de dos palabras "wu" que significa sin o nada y "ji" que significa punto extremo, así la palabra se traduce como: sin límites o infinito, algunos representaban al "Wuji" como un círculo vacío, mientras que otros consideran que, al ser equivalente a la nada, no se puede representar.

Figura 4.1: ¿Puede el lector identificar el Rolex original de una copia?

## 4.1. El reloj original

El tiempo ha sido un concepto tan importante de tal forma que si todo lo que conocemos de tecnología se estropeara, lo primero que nos preguntaríamos sería, ¿en que tiempo estoy? y el aparato que reconstruiriamos primero sería un aparato de medición temporal, un reloj y/o un calendario, con día de su creación como punto de referencia. Tan importante se ha vuelto el tiempo que empresas como es el caso de Rolex[7], venden un sencillo pero complejo dispositivo a un precio tan caro que solo realiza una función, dar el tiempo, y que además no se compara con el teléfono móvil mas caro el cual puede contener muchas más funciones y aplicaciones; este dispositivo es el reloj.

Pero ¿cómo saber que da el tiempo correcto? digo si alguien pagara una cantidad sumamente grande de dinero por un dispositivo que solo realiza una función al menos nos gustaría que realizara de forma correcta dicha función, razón por la cual muchos a pesar de intentar replicar estos relojes, su valor en costo no es igualado. Vease por ejemplo la Figura 4.1, son 2 relojes Rolex, uno de ellos es una réplica y el otro es original, ¿cual de estos cree que sea el original? y ¿por qué?

La desventaja que tenemos es que no podemos ver su funcionamiento, que fácil sería detectar a la réplica con ver un movimiento no continuo en

---

[7]Fundada en 1905 como Wilsdorf & Davis registrada en suiza en 1908 con el nombre de Rolex.

sus manecillas, tampoco podemos manipularlo, para hacer pruebas sobre su peso, pruebas de resistencia al agua, ver su reverso o la maquinaria interior, solo tenemos una imagen frontal en un determinado instante de tiempo, con esta información es posible saber cual corresponde a la figura del Rolex original. La respuesta es, la figura de la izquierda [10], pero ¿cómo y por qué?.

La única información que tenemos es de algún modo visual y no solo por su cara bonita y sus finos detalles o adornos, los cuales pueden ser fácilmente maquillados, pero debe haber algo más profundo. Pensemos un momento, si uno crease algo, lo que uno quisiera es que su exterior fuera consistente con su interior, esto es, si la estructura interna tiene que hacer una única función tan precisa, su exterior debe denotar en algún sentido esa perfección, veamos, la carátula tiene varias leyendas una de la cual denota un pseudónimo "Rolex Oyster Perpetual" de una especie de reloj con algún nombre, el cual sería dado por algún número de serie que no es visible a simple vista y el cual dataría a un tiempo de su creación mayor a 1931[8], pero esto no nos da más información a menos que lo hayamos conocido, ¿qué otra cosa podría denotar su originalidad?, bueno su "estética"[9] debe denotar que en su interior, este reloj cumple la función principal. Si somos cuidadosos, podemos ver que ambos relojes tienen el mismo número de manecillas y un cuadrito que denota el día, solo que hay una diferencia sustancial, el de la izquierda tiene algo que el de la derecha no tiene en ese cuadrito que data la fecha, así es; una lente de magnificación, que nos permite ver con todo detalle como si saltara frente tus ojos, el día en el que se encuentra uno, cumpliendo así con la función principal en toda su perfección posible. En Rolex originales esta magnificación es de 2.5X, mientras que en las imitaciones a menudo es ajustado a 1.5X, que resulta dificil poder leer la fecha.

En este sentido la perfección en los relojes ha ido evolucionando, por ejemplo el Rolex Milgauss es un reloj que puede estar expuesto a campos magnéticos de hasta 1000 gauss[10] sin ningún impedimento para el cronometraje, actualmente la medición precisa del tiempo se ha dado debido a

---

[8]En 1927 Rolex patenta su primer reloj hermético comercialmente viable nombrado "Oyster", posteriormente en 1931 se lanzó el primer reloj de pulsera con un movimiento mecánico automático, al que denominaron "Perpetual", de ahí comenzaron a aparecer varios otros modelos como el "Datejust" (1945), "Tudor" (1946), "Submariner" y "GMT master" (1954), "Day-Date" (1954), "Milgauss" (1956) o el "Cosmograph Daytona" (1963).

[9]Del griego "aisthetiké", sensación, percepción, y este de "aísthesis", sensibilidad, desde 1750 Alexander Gottlieb Baumgarten [11] usara la palabra "estética" como "ciencia de lo bello", su trabajo fue inspirado en Leibniz, un matemático filósofo que nunca abordo este tema.

[10]Un gauss es la unidad de campo magnético, así como también el Tesla ($10^4$ gauss), el campo magnético terrestre es de 0.5 gauss, un pequeño imán 100 gauss, un imán de neodimio tiene cerca de 1250 gauss, un aparato de Resonancia Magnética Nuclear genera más de 7 Tesla, el campo magnético continuo más fuerte producido en un laboratorio es de 45 Tesla (record mundial 2015) [12].

la invención de relojes atómicos[11] y relojes cuánticos[12], al parecer lo que se busca es el reloj original del Universo.

Bién, ahora que tenemos una guía, la pregunta que aún no respondemos es ¿qué es el tiempo?, ¿tan solo es una magnitud que me permite medir la duración con un dispositivo muy preciso de por ejemplo el momento en que toda esta historia comenzó y el momento en que te diste cuenta de la existencia de esta historia?, ¿Algo similar a intentar medir la distancia entre tu y yo?

Figura 4.2: El espacio-tiempo, como esa construcción mental del universo. *"La simultaneidad de dos eventos, o el orden de su sucesión, la igualdad de dos duraciones, tienen que ser tan definidas que el enunciado de las leyes naturales debe ser tan simple como se pueda. En otras palabras, todas estas reglas, todas estas definiciones son solo fruto de un oportunismo inconsciente"* [14].

## 4.2. La distancia del tiempo

El problema de medir la "distancia del tiempo" dió resultados interesantes, como los resultados de Henry Poincaré[13] que dieron pié al evento

---

[11] Son los relojes más precisos que miden la señal electromagnética que los electrones emiten cuando cambian de energía de nivel, como se discutirá posteriormente energía y tiempo son equivalentes.

[12] Un tipo de reloj atómico con iones de aluminio enfriados con láser confinados en una trampa de iones electromagnética, desarrollada en 2010 por el National Institute of Standards and Technology con una incertidumbre total de $9{,}4 \times 10^{-19}$ (julio 2019)[13].

[13] Polímata que en 1893 ingresó en el Bureau des Longitudes de Francia, donde se le encomendó la tarea de la sincronización de los horarios del mundo, esto dió pié a mucho de lo que se le atribuye a la teoría de la relatividad [14].

de 1905, donde Albert Einstein[14] al proponer que la velocidad máxima era la velocidad de la luz[15] (posteriormente verificada experimentalmente por Eddington[16]), se dió cuenta que la simultaneidad[17] de un evento dependía del observador en movimiento, así entonces; nació el concepto del tiempo relativo, que en palabras muy simples puede expresarse como: " para alguien en movimiento el tiempo transcurre mas lento que para alguien estático", según la relatividad general, el presente pasado y futuro existen en un mismo plano[18] solo que aún no hay ningún recuerdo de ello, pues no es el tiempo el que esta pasando, si no nosotros los que pasamos a través de él.

Esta idea rompe el concepto filosófico del tiempo llamado presentismo[19] y da pié a nuevas teorías, como el universo de bloque o el eternalismo.

- En el universo de bloque[20] afirma que el pasado y el presente existen, pero no así el futuro, donde el futuro es mera posibilidad, indefinida y nebulosa. El físico George F. R. Ellis[21] (1939-¿) sugiere que el flujo del tiempo es una ilusión y que el universo esta atado al tiempo presente.Sin embargo éste modelo no es aplicable a sistemas macroscópicos complejos. ¿Cómo representamos el espacio tiempo y los objetos en él cuando el tiempo se dessenrrolla en el Universo de bloque? Consideremos por ejemplo las señales que recibe un detector que mide

---

[14]Físico alemán (1879-1955), en su Teoría de la Relatividad Especial propuso al tiempo como una dimensión extra, formando el concepto de espacio-tiempo [15, 16].

[15]Esta idea fue concebida por un trabajo anterior de el físico neerlandes Hendrik Antoon Lorentz (1853 - 1928) [17]. Se cuenta la historia que cuando iba caminando junto a su esposa, él le comentaba a ella que era afortunada por caminar junto al único hombre que conocía el verdadero límite de la velocidad, la velocidad de la luz.

[16]Arthur Stanley Eddington (1882-1944) viajó la isla de Príncipe, cerca de África, para observar el eclipse solar del 29 de mayo de 1919. Durante el eclipse fotografió las estrellas que aparecían alrededor del Sol. Según la Teoría de la Relatividad General, las estrellas que deberían aparecer cerca del Sol deberían estar un poco desplazadas, porque su luz es curvada por el campo gravitatorio solar [18].

[17]Se dice que un evento ocurre simultáneamente si estos son medidos al mismo tiempo por dos observadores distintos, hasta antes de Einstein la idea Newtoniana de que el tiempo era absoluto preveleció hasta que los experimentos de Eddington mostraron que nada podía viajar mas rápido que la luz, y que el tiempo se dilataba conforme uno se moviera a velocidades cercanas a la de la luz y por tanto el que un evento ocurriera a diferentes tiempos podría darse cuando uno de los 2 observadores se movieran a velocidades mayores.

[18]Este plano como el plano cartesiano donde el espacio se representa como el eje x y tiempo como el eje y, y la velocidad de la luz dibuja el denominado cono de luz, donde toda historia se describe.

[19]Idea filosófica donde establece que únicamente existe el presente, mientras que futuro y pasado son irreales, algunos filósofos como San Agustín de Hipona, William James y algunos filósofos budistas.

[20]El filósofo inglés C. D. Broad(1887-1971) se considera uno de los pioneros en 1923 [19].

[21]Basado en leyes de la física a pequeña escala reversibles en el tiempo el cual falla en la esencial caracteristica del comportamiento de un sistema macroscópico irreversible en el tiempo y el desarrollo de sistemas complejos incluyendo la vida [20].

la llegada de las partículas producidas en el decaimiento de un elemento radiactivo. Las señales a cada instante determinan lo que ocurre del conjunto de posibles resultados. así determinando el trayecto en el espacio tiempo de la partícula (Figura 4.3). Este resultado no es determinado por los datos iniciales a un tiempo previo, a causa de la incertidumbre cuántica en los decaimientos radiactivos. Instante a instante, la estructura del espacio tiempo cambia de indeterminado (de todas las posibles opciones) a definido. Así la estructura de un espacio tiempo definido se convierte cuando el tiempo evoluciona, los eventos ocurren y la historia adquiere forma.

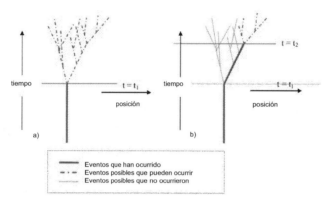

Figura 4.3: a) hasta $t_1$ los eventos son determinados pero no después, b) los eventos son determinados hasta $t_2 > t_1$ pero no posteriormente [20].

En resumen él establece que el futuro no está determinado hasta que ocurre y esto puede deberse a:

- Ecuaciones de estado dependientes del tiempo.
- Incertidumbres cuánticas.
- Estadística, errores experimentales, fluctuaciones clásicas.
- Dinámica caótica, ocurrencia de catastrofes.

- En el eternalismo[22] todos los puntos del tiempo igualmente válidos como marco de referencia, o, si se prefiere, igualmente reales. Esto no elimina el concepto de pasado y futuro, pero los toma como "direcciones" más que como estados. Que un punto del tiempo esté en el futuro

---

[22] Se basa, en suma, en dos supuestos distintos, uno es que el tiempo es una dimensión real, el otro es su inmutabilidad, que no es consecuencia necesaria de lo primero.

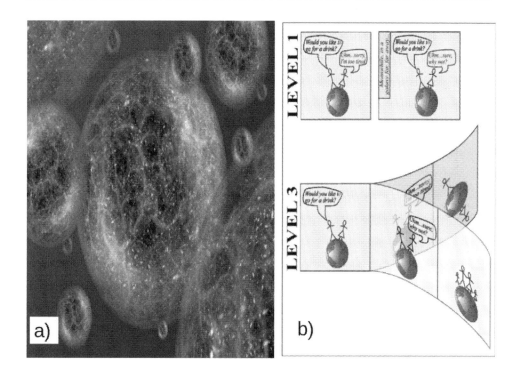

Figura 4.4: Concepción del multiverso: a) un universo infinito debería englobar un número infinito de volúmenes de Hubble (con longitud de Hubble de 14.4 billones de años luz), todos ellos con leyes y constantes físicas iguales a las nuestras, b) los procesos aleatorios cuánticos provocan la ramificación del universo en múltiples copias, una para cada posible universo, Max Tegmark propone la clasificación de estos multiversos [24].

o en el pasado depende enteramente del marco de referencia que estés usando como base de observación[23].

Esta teoría se propone por John McTaggart[24] y es defendida por el físico Julian Barbour[25] (1937-¿), donde el también propone que el tiempo no existe más que como ilusión. Barbour argumenta que no tenemos ninguna evidencia del pasado más allá de nuestra memoria de él, y

---

[23] Un observador en cada punto del tiempo puede solo recordar sucesos que están en el pasado relativo a él mismo, y no en su futuro relativo, y de esta forma la ilusion subjetiva del paso del tiempo se mantiene.

[24] (1866-1925) filósofo idealista inglés, que en su libro La irrealidad del tiempo ("The Unreality of Time", 1908), expresa su idea [21]. Cuando hemos superado alguna experiencia desagradable, nos alegramos de haberla dejado atrás. Pero para el eternalismo no hay una propiedad que haga que algo termine o no vuelva a ocurrir, pues se prolongará eternamente.

[25] Físico británico interesado en la investigación de la gravedad cuántica y en la historia de la ciencia, que en su libro The End of Time [22] propone una física sin tiempo, algo que se parece se evidente al leer este ensayo [23].

de igual modo, que no hay evidencia de un futuro que no sea nuestra creencia en el mismo. Todo es una ilusión: no hay movimiento ni cambio alguno. El eternalismo tiene implicaciones para el concepto de libre albedrío, al proponer que los sucesos futuros están fijados inmutablemente y, como los pasados, es imposible cambiarlos.

Un universo en el que el azar lo cambia es posible que sea indistinguible de la interpretación de los muchos universos -multiverso[26]- de la mecánica cuántica, en la cual hay múltiples bloques de tiempo y así entonces descubrimos los eventos de manera atemporal, como si no hubiera un tiempo real y tan solo fueran modelos construidos en la conciencia humana.

Ya sea que en el tiempo, el futuro pueda escribirse o ya este escrito; dada la concepción tiempo, algo a tomar en cuenta como físico es que el tiempo está relacionado inversamente con la energía, tal como se menciona en [23] y que si esta no se conserva como en eventos con fricción [20], entonces su dirección esta determinada por algo llamado entropía[27].

En física de partículas y cosmología se utilizan las unidades naturales, donde la constante de Boltzmann ($k_B$), la velocidad de la luz ($c$) y la constante de Planck ($h = 2\pi\hbar$) son iguales a 1, lo cual permite reducir todo a unidades de energía, el electrón-voltio[28] (eV).

Así entonces, la constante de Boltzmann[29] permite la conversión de temperatura en unidades de energía, la relación de Einstein permite relacionar

---

[26]La primera referencia acerca de múltiples universos, proviene de la literatura Védica (800 A.C.-200 A.C.), concretamente del Bhagavata-Purana [25], en 1952 el físico Erwin Schrödinger(1887-1961) en una plática sobre mecánica cuántica mencionaba que una de sus ecuaciones parecían describir varias diferentes historias del universo, los cuales no eran alternativos, pero realmente estaban ocurriendo simultaneamente [26], Richard Feynman (1918-1988) [27] también era partidario con su teoría de integral de caminos, otros físicos como Steven Weinberg (1933-¿) [28], Brian Greene (1963-¿) [29], Max Tegmark (1967-¿)[24], Michio Kaku (1947-¿) [30], Stephen Hawking (1942-2018) [175], también apoyan estas ideas, mientras que otros no, como Roger Penrose (1931-¿) [32], George Ellis (1939-¿) [33], entre otros. Alrededor del 2010, científicos analizaron datos del WMAP sugiriendo que nuestro universo habia colisionado con otro universo paralelo [34], sin embargo con una resolución mayor juntando datos del satelite Planck no revelaron significancia estadística de tal colision ni evidencia de empuje gravitacional de otros universos sobre el nuestro [35, 36].

[27]Tema que se discutirá posteriormente en el capítulo 11.

[28]La variación de energía cinética que experimenta un electrón al moverse desde un punto de potencial $V_a$ hasta un punto de potencial $V_b$ cuando la diferencia de potencial del campo eléctrico es de 1 voltio. Esta unidad no forma parte del sistema internacional de unidades, pero es aceptada por este [37].

[29]Ludwig Boltzmann (1844-1906) físico austrico pionero de la mecánica estadística, autor de la llamada constante de Boltzmann ($E = k_B T$), concepto fundamental de la termodinámica [38].

masa y energía[30], y finalmente la relación de Planck[31] permite obtener la conversión de longitud y tiempo en unidades del inverso de la energía. En otras palabras podemos resumir esto en palabras de Nikola Tesla[32] quien decía: "Si quieres encontrar los secretos del universo, piensa en **términos de energía, frecuencia y vibración**".

*... y me encontraba ahí, un lugar muy parecido a Heidelberg, con sus aguas fluyendo, sin castillos, pero con su universidad de un lado y el centro al otro lado del puente, en una distribución como si lo viera reflejado en un espejo, con su particular forma de hablar y sus mujeres hermosas muy al estilo del lugar, ese lugar donde los caminantes tuercen el camino, o del Diós torcido.*

*... En ese instante contaba con toda la energía asignada por un año, y mi principal objetivo era estudiar las formas de los primeros fuegos artificiales en sus funciones de fragmentación.*

---

[30] La famosa relación $E = mc^2$ idea que presentó en su artículo ¿Depende la inercia de un cuerpo de su contenido de energía? [39, 40].

[31] ($E = h\upsilon = h/T = hc/\lambda$) Descrita por Max Karl Ernst Ludwig Planck (1858-1947) físico y matemático alemán considerado como el fundador de la teoría cuántica [41].

[32] Nikola Tesla (1856-1943) fue un inventor, ingeniero mecánico, ingeniero eléctrico y físico de origen serbocroata.

# 5
# Fuegos artificiales

> Por Amrit el Kalakūta, por
> Rudra su Nila Kantha, luego
> inmortalidad de devas y asuras.
>
> La Vía Láctea hindú [44, 45].

*Pero comencemos entonces, diez, nueve, ocho, siete, seis, cinco, cuatro, tres, dos, uno..., feliz año nuevo 2020!, en ese entonces me dí cuenta que ese miercoles comenzaría el año bisiesto[1] 2020, a 20 años del efecto 2000 (T2K)[2], 50 años del Tiempo Unix[3], 75 años de la primer bomba atómica, a 100 años del año bisiesto, 1920, año en el cual nacen escritores como el ruso Isaac Asimov, el alemán Charles Bukowski, y el uruguayo Mario Benedetti, así como el año de la formalizacion de la mecánica cuántica, así como también a 1000 años de otro año bisiesto en el calendario Juliano[4], año en que murió Leif Erikson[5] el explorador nórdico, primer europeo conocido hasta la fecha que piso territorio de Canada alrededor del año 1000, mismo año en que nació Zhang Zai, el filósofo y cosmólogo chino que postuló que todo lo que existe en el universo se compone de una sustancia primordial denominada "qi[6]".*

---

[1] El año bisiesto es aquel año que incluye el 29 de febrero como día extra en el calendario gregoriano, es curioso el echo de que en la historia de la humanidad ha existido el dia 30 de febrero [42] (1712 en Suecia y 1930, 1931 en la URSS), un día que para muchos puede resultar una broma, este echo se debe a que el tiempo es una concepción de una magnitud que debe ser absoluta y a la vez es relativa para cualquier experiencia humana.

[2] Problema informático en sistemas MS-DOS que resetearía al 1 marzo 1980 al observatorio naval de USA y al 1 enero de 1910 al servicio nacional de meteorología francés.

[3] Un sistema que mide la cantidad de segundos transcurridos desde la medianoche UTC del 1 de enero de 1970, donde 1234567890 segundos corresponde al viernes 13 de febrero del 2009, algunos dispositivos Android si se les retira la batería por unos instantes y no tienen las actualizaciones automáticas, estos se reinician al Tiempo UNIX.

[4] El 5 de octubre de 1582 sustituido por el 15 de octubre de 1582 (Gregoriano).

[5] Las Sagas de Vinlandia, narra su vida y su expansión [43].

[6] El cual es considerado como una sustancia que incluye materia y las fuerzas que

*Al igual que 1988 ese año bisiesto también comenzó un viernes, así como ocurrirá en el 2044, año en que finalizará el Ciclo Sexagenario[7] que consta de un periodo de 60 años, un periodo que quizá podría vivir.*

*... Derepente mi mente se ve distraida por el estruendoso sonido, los llamativos colores y las interesantes formas de los fuegos artificiales que se producían en el cielo debido a la celebración. Al contemplarlos por un rato, se viene a la mente el recuerdo de otros momentos donde pude admirar este tipo de exhibiciones pirotécnicas (Figura 5.1), como ese evento en 2019 de la batalla naval en el puerto de Mazatlán, o en 2018 en Huamantla Tlaxcala en la denominada "La Noche que nadie duerme", también el del 2015 en la fiesta de Ginebra, el del 2014 en el castillo de Freney-Voltaire en la conmemoración francesa de la toma de la Bastilla, y así varios recuerdos hasta el momento de mi infancia donde cada Navidad realizaba pruebas con cohetes a los cuales ataba todo tipo de formas echas con plastilina[8], todo tipo de experimentos realizaba desde explotarlos dentro de un recipiente de lata, hasta activarlos en secuencias tipo serie y paralelo donde el conductor eran la pólvora y la mecha que utilizaba... Ha, 2020, un año pragmático de potencial infinito.*

Figura 5.1: Fuegos artificiales en a) Ferney Voltaire Francia (2014), b) Ginebra Suiza (2015), c) Huamantla Tlaxcala (2018), d) Mazatlán Sinaloa (2019), e) concurso en Nagano Japón (2012), f) fuego artificial donde se aprecian 2 chorros de luces saliendo del centro g) Vietnam, h) fuegos artificiales de 24"(600mm) de calibre.

---

gobiernan la interacción entre esta, una sustancia dispersa en un estado enrarecido.

[7]Sistema de calendario tradicional chino utilizado como una forma de numerar los días y los años, se calcula combinando los ciclos de los diez troncos y las doce ramas. El combinar estas series da lugar a una serie mayor de sesenta términos, debido a que el mínimo común múltiplo de 10 y 12 es 60. Así 1988 corresponde a parte del $4^{to}$ y mayormente $5^{to}$ año del $78^{vo}$ ciclo sexagenario (Yin Fuego conejo y el Yang tierra Dragón), y 2020 corresponde al $36^{vo}$ y $37^{vo}$ año del mismo ciclo (Yin Tierra Cerdo y el Yang Metal Rata).

[8]Plástico maleable, compuesto de sales de calcio, vaselina y otros compuestos alifaticos aptos para niños, material el cual usaba como detector para su posterior análisis al caer los fragmentos en el suelo.

La elaboración de los fuegos artificiales o juegos pirotécnicos se remontan hasta la invención China de la polvora[9] que fue accidentalmente encontrado al buscar el elixir de la vida[10], distribuida en el Medio Oriente, intoducida en Europa y posteriormente en el continente Americano.

Es de mencionar que lugares como Japón la elaboración de fuegos artificiales es toda una tradición, donde llevan acabo competencias, debido a esto el fuego artificial más grande y pesado que sigue siendo record guiness [49] es el llamado Yonshakadama[11] (ver Figura 5.2) con sus colosales 420kgs y 120 centímetros de diámetro (48"de calibre!), lanzado el 9 de septiembre 2014, elevandose a 850 metros de altura realizó una explosión múltiple cuyo diámetro alcanzó los 800 metros de extensión en el festival japones de Katakai-Matsuri Festival en Honshu [50].

Figura 5.2: Yonshakudama. (arriba) Comparación dimensional, (abajo) el instante de la 1ra explosión y un momento posterior.

---

[9]Durante el siglo IX d. C los taoístas intentaban crear una porcion para la inmortalidad el "elixir de la vida", y utilizaban el sulfuro en muchas combinaciones médicas. La palabra china para "pólvora" es "Huoyao" la cual significa literalmente "medicina de fuego" [48].

[10]Nombrado a través de la historia como: "Amrit Ras" o "Amrita" en la India, "Alhaya" en árabe, "Ab-i Hayat" en turco otomano, "Chashma-i-Kausar" para los musulmanes, "Manyoshū (agua del rejuvecimiento) para los japoneses, "piedra filosofal" para los alquimistas europeos. La palabra elixir del árabe "al iksir" sustancia milagrosa. Algunos lo ven como el espíritu de Diós (La "fuente de la vida" en la religión Cristiana), "uisce beatha" (agua de la vida) para las lenguas gaélicas (de ahí el nombre whiskey) [47].

[11]Creado en 1986 por la compañia de Masanori Honda llamada Katakai Fireworks Co. en la prefectura de Niigata, Japón, el cual tuvo un costo alrededor de 1,500 USD [51].

## 5.1. Con tu física y tu química y tu cuanto de energía.

Todo esto me recuerda al primer libro que me regaló en la secundaria, una maestra de química, el cual se titulaba la magia de la física y la química [46], fue muy motivador ese libro que leía por las tardes, lo bueno es que nunca tuve que preocuparme por algún examen de ese libro, lo preocupante eran las preguntas que me surgían por las noches, parecía que la física y la química revelaban el truco de magia. Uno de los temas que más me apasionó eran los experimentos con pólvora. Los ingredientes principales de la pólvora negra[12] son 15 % carbon vegetal[13], 10 % asufre[14] y 75 % nitrato de potasio[15]. Pero el verdadero reto requiere un poco más que eso. Las cuatro cosas que hacen posible un buen fuego artificial es la altura, el tamaño, la forma y el color.

La altura se explica fácilmente, es como lanzar un cañón, uno pone una "carga de elevación" entre el fuego artificial a lanzar y el fondo de un resistente tubo cerrado, y luego se enciende impulsando el fuego artificial hacia arriba. Para determinar la altura solo necesitas la velocidad inicial, la cual debe ser de magnitud mayor para un cohete más grande [53]. La cantidad de carga de elevación que use tiene que ser suficiente para lanzar los fuegos artificiales a las altitudes necesarias para que el explosivo muestre con todo esplendor sus diferentes formas en el cielo, los más altos son usualmente los más grandes, resultando en exhibiciones de fuegos artificiales estéticamente agradables (y más seguros). Pero ¿qué determina las formas espectaculares que vemos?, para saberlo necesitamos ir dentro de su anatomía.

La carga de estallido puede ser tán simple con solo contener pólvora, o podría ser un explosivo más complicado (incluso de varias etapas). Las estrellas pirotécnicas[16], por otro lado, son las que realmente se disparan en muchas direcciones, produciendo la hermosa pantalla que todos estamos tán

---

[12]En México la pólvora fue introducida por los españoles en la conquista en el siglo XVI, principalmente para cargar sus mosquetes. Los historiadores afirman que durante la conquista, Pedro de Alvarado, dada la importancia de este detonante, mando buscarlos suministros necesarios para la elaboracion de pólvora, los insumos se encontraron en la región. El azufre del Popocatépetl, el salitre del lago de Texcoco, y el carbón en los bosques de la zona. Un dato curioso es que en México tan solo el 15 de septiembre un gasto promedio de medio millón de pesos en pirotécnia [52].

[13]El cual arden junto con el asufre, gracias al nitrato potásico.

[14](S), que se puede encontrar cerca de regiones vólcánicas.

[15]($KNO_3$), encontrado de forma natural como en excrementos de pajaros o en forma del llamado salitre, que contiene mineral denominado nitro, que suele estar combinado con nitratina (nitrato de sodio), también se puede sustituir por clorato de potasio ($KClO_3$), pero es más peligroso ya que la combustión ocurre más rápido, para este las proporciones serían: 50 % $KClO_3$, 35 % carbón y 15 % azufre.

[16]Son gránulos de composicion pirotécnica que pueden contener polvos metálicos, sales u otros compuestos que, cuando se encienden, queman cierto color o producen cierto efecto de chispa.

acostumbrados a ver.

Figura 5.3: Sección de un proyectil esférico para fuegos artificiales, se puede apreciar la estructura interna que contiene estrellas bombeadas, cortadas y rodadas [55].

Dependiendo de cómo se unan los fuegos artificiales en primer lugar, enviará a las estrellas a cualquier patrón o dirección para la que fue diseñada.

Cuando ocurre la explosión, las temperaturas se elevan tanto que las estrellas individuales que estaban contenidas dentro se encienden. Aquí es donde, para mí, sucede la parte más interesante de los fuegos artificiales. Además de cualquier propulsión o combustible (opcional) que exista dentro de estas estrellas, como la capacidad de hacerlas girar, elevarse o empujar en una dirección aleatoria, las estrellas también son la fuente de la luz y el color que encontramos en nuestros fuegos artificiales.

¿Cómo es que estas "estrellas" producen el color?

La explicación más simple es que diferentes elementos y compuestos tienen diferentes líneas de emisión características que se dan cuando los elementos alcanzan una temperatura suficiente[17].

Algunos compuestos y elementos notables se muestran a continuación en el espacio de cromaticidad.

---

[17] Cuando aplicas suficiente energía a un átomo o molécula, puedes excitar o incluso ionizar los electrones que convencionalmente lo mantienen eléctricamente neutro. Cuando esos electrones excitados caen en cascada naturalmente en el átomo, molécula o ión, emiten fotones, produciendo líneas de emisión de una frecuencia característica, otra vez una aplicacion de la relación de Planck.

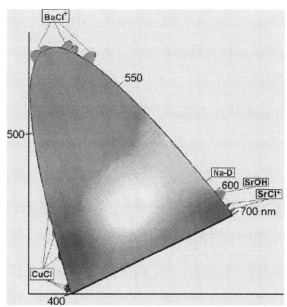

Figura 5.4: Para elegir el color de los fuegos artificiales y que sean lo más placenteros a la vista, los pirotécnicos usan este diagrama cromático [57].

¿Qué determina que líneas de emisión posee un elemento o compuesto? Es simplemente la mecánica cuántica del espacio entre los diferentes niveles de energía inherentes a la sustancia misma. Por ejemplo, el sodio calentado emite un resplandor amarillo característico, ya que tiene dos líneas de emisión muy estrechas a 588 y 589 nanómetros [54]. Es probable que esté familiarizado con estos si vive en una ciudad, ya que la mayoría de las farolas de color amarillo que vé, funcionan con sodio elemental.

En la tabla 5.1 mostraremos los diferentes compuestos insertados en las estrellas de los fuegos artificiales, responsables del color que vemos.

Cuadro 5.1: Sales metálicas responsable de cada color [57].

| Color | Compuesto químico (sales) | Longitud de onda (nm) | Temperatura (K) |
|---|---|---|---|
| Rojo | Litio y Stroncio | 603-645 | 750-850 |
| Naranja | cloruro de calcio, | 591-603 | 1000-1200 |
| Dorado | polvo de hierro o zinc | 590-591 | 1200-1400 |
| Amarillo intenso | sales de sodio | 589-590 | 1400-1600 |
| Blanco | magnesio o aluminio | 564-576 | > 1700 |
| Verde | bario y cloro, | 511-533 | |
| Azul | Compuestos de cobre, | 460-530 | |
| Violeta | estroncio y cobre | 432-456 | |

Los colores rojo, naranja, amarillo o blanco son los más fáciles de conseguir, por eso los fuegos artificiales en esos tonos son los más habituales [56]. Para que las sales se acumulen en partículas de mayor tamaño y más visibles se emplea un aglomerante llamado dextrina (un derivado del almidón soluble en agua) que permite crear pequeñas bolitas de explosivo de colores que viajan más lejos en el aire al explotar y arden con más intensidad. Algunos cohetes llevan un fino polvo de trisulfido de antimonio que es el responsable de que, al explotar, el fuego artificial deje una nube de partículas brillantes como si fueran purpurina. Finalmente, la mezcla explosiva se introduce en una cápsula hecha con capas de papel que retienen los gases para que el proyectil explote en lugar de solo arder. El papel no contamina tanto como otros materiales, arde con facilidad y es barato. Cuanto más apretado esté el proyectil y más gruesas sean sus paredes, más ruido hace al detonar.

Y todo parece indicar que Enrique Iglesias lo sabía, expresando en su canción "Bailando" la cual versa:

*... Ese fuego por dentro me esta enloqueciendo, me va saturando ... Con tu física y tu química también tu anatomía, la cerveza y el tequila y tu boca con la mía, con esta melodía, tu color, tu fantasía, ya no puedo más, ya no puedo más. Yo quiero estar contigo...*

*Todo esto fue solo un pequeño viaje, pero aún no acaba aquí, falta por explicar el epigrama, y para eso necesitaremos otro capítulo en el cual viajaremos un poco al pasado...*

## 5.2. La bomba atómica, el CERN y los primeros fuegos artificiales

... *"el murmullo de tu onda expansiva ha sellado tu fé". es parte de la estrofa de la canción mas famosa del 2012 de "The Killers" llamada: Miss Atomic Bomb.*

Miles de intereses en la historia han cobrado los fuegos artificiales, y la idea de fragmentar materia[18] uno de ellos fue terminar un fin bélico mediante un monstruo que produjo la mayor de las tragedias de la humanidad el cual evocaría al mismísimo Rudra[19], la bomba atómica. Para entender un poco es importante revisar la historia y algunos hechos importantes [59, 60]. Primero comenzaremos con un muy breve resumen de 50 años (1896-1946).

La radiactividad[20] fue descubierta en 1896 por el científico francés Henri Becquerel, posteriormente la radiactividad artificial[21] descubierta por Frédéric Joliot-Curie e Irene Joliot-Curie. En 1934 Enrico Fermi[22] se encontraba en un experimento bombardeando núcleos de uranio[23] (en forma natural se compone de tres isótopos[24]: 99,3 % de uranio-238[25], 0,7 % de uranio-235[26], 0,006 % de uranio-234) con los neutrones recién descubiertos.

---

[18] Ya sea por explosión, implosión o colisión.

[19] Una deidad rigvédica, se traduce generalmente como el rugidor, que personifica la tormenta y la encarnación de lo salvaje y del peligro impredecible y terrorífico. Rudra es así considerado con una especie de miedo servil, como una deidad cuya ira se debe minimizar y cuyo favor debe ganarse. En el periodo posvédico se tomó como sinónimo del diós Shiva y desde entonces ambos nombres se utilizan indistintamente, siendo Rudra una de las 8 formas de Shiva [58].

[20] Proceso por el cual un núcleo atómico inestable pierde energía mediante la emisión de radiación. La unidad del Sistema Internacional de Unidades (SI) para la actividad radioactiva es la becquerel (Bq), los efectos de la radiación ionizante se miden a menudo en unidades de gray (Gy) para el daño mecánico o sievert ($Sv = J/kg$) para el daño al tejido. Una exposición $\geq$ 5 Gy conduciría a la muerte en 14 dias (375J para un peso de 75 kg), 0.25 Sv es la radiación acumulada durante un mismo día máxima, para no comenzar a sentir efectos debidos a laz radiación, más de 10 Sv, conducirían a parálisis y muerte [61].

[21] También llamada radiactividad inducida, se produce cuando se bombardean ciertos núcleos estables con partículas apropiadas.

[22] (1901-1954) Físico italiano conocido por el desarrollo del primer reactor nuclear y sus contribuciones al desarrollo de la mecánica estadística, la teoría cuántica, la física nuclear y de partículas, recibió el Premio Nobel de Física en 1938 por sus trabajos sobre radiactividad inducida [62, 63].

[23] Es un elemento aproximadamente un 70 % más denso que el plomo, aunque menos denso que el oro, se presenta mayormente en en rocas, pero en menor cantidad también en tierras, agua y los seres vivos. Para su uso el uranio debe ser extraído y concentrado a partir de minerales que lo contienen, como por ejemplo la uranitita. Las rocas son tratadas químicamente para separar el uranio.

[24] Los átomos de un mismo elemento, cuyos núcleos tienen una cantidad diferente de neutrones, y por lo tanto, difieren en número másico.

[25] El uranio-238 ($^{238}_{92}U$) tiende a capturar neutrones de velocidad intermedia, creando $^{239}_{92}U$, que decae sin fisión a plutonio-239 ($^{239}_{94}Pu$), que sí es fisible. Debido a su capacidad de producir material fisible, a este tipo de materiales se les suele llamar fértiles.

[26] El uranio-235 ($^{235}_{92}U$) fisiona con una gama mucho más amplia de velocidades, una vez

Basados en estos trabajos se descubre la fisión en 1938, por Otto Hahn[27], Lise Meitner[28] y Fritz Strassmann[29] [69].

¿Pero qué es la fisión? La fisión se produce cuando con el bombardeo del núcleo de un átomo fisionable (como el uranio) con una partícula de la energía correcta (generalmente un neutrón libre). Este neutrón libre es absorbido por el núcleo, haciéndolo inestable, entonces este se partirá en dos o más pedazos: los productos de la fisión que incluyen dos núcleos más pequeños, hasta siete neutrones libres y algunos fotones, cuanto más pesado es un elemento más fácil es inducir su fisión[30] [70] (ver Figura 5.5 a). Cuando la fisión empieza lanzando 2 o 3 neutrones en promedio como subproductos, estos neutrones se escapan en direcciones al azar y golpean otros núcleos, incitando a estos núcleos a experimentar fisión, el proceso se acelera rápidamente y causa la reacción en cadena (ver Figura 5.5 b). Las reacciones en cadenas se experimentan a una cierta cantidad mínima de material denominada masa crítica[31], medir esto sin precaución puede resultar mortal como fue el caso de Harry Daghlian en 1945[32] y Louis Slotin 1946[33].

---

purificado no necesita de un moderador, sin embargo, está presente en el uranio natural en cantidades muy reducidas, mediante ultracentrifugacion [68], se logra producir un uranio con más del 90 % de uranio-235.

[27](1879-1968) Químico alemán que gan el Premio Nobel de Química en 1944 por el descubrimiento de la fisión nuclear del uranio y del torio (1938).

[28](1878-1968) Física sueca de origen austriaco de familia judia, razón por la cual en 1939 se le excluyó en la publicación que le daria el Nobel de química solamente a Hahn, aunque no recibio el Nobel, si recibió el premio Enrico Fermi [67].

[29](1902-1980) Químico alemán quien como pupilo continuo el trabajo cuando Lise tuvo que huir a suecia, identificó el bario en el residuo dejado después de bombardear uranio con neutrones, lo cual se interpretó entre sus resultados como producto de la fisión nuclear.

[30]No confundir con fusión el cual varios núcleos atomicos de carga similar se unen y forman un núcleo más pesado, por ejemplo el Sol fusiona hidrógeno en helio.

[31]En el caso de una esfera desnuda (sin reflector de neutrones) la masa crítica es de más de 50 kg para el uranio-235 (La masa crítica del uranio depende del grado en que este enriquecido, se dice que de 3-5 % se considera enriquecido, para un enriquecimiento del 20 % de U-235 la masa crítica es de más de 400 kg, para enriquecimiento mayor 20 % "uranio de alto enriquecimiento" (HEU), 60 kg, que fácilmente cabrían en un contenedor tipo galon, para diseño de armas nucleares el enriquecimiento debe ser del 90 % "grado militar", la masa crítica sería de 12-15 kg que cabrían en una simple caja de leche) y 10 kg para el plutonio-239 [76].

[32] El Núcleo del Demonio fue el nombre que se le dió a una masa subcrítica de plutonio de forma esférica con un peso de 6,2 kg y que por un accidente ocurrido el 21 de agosto de 1945 produjo la muerte del físico 25 dias despues. Daghlian de 29 años cometió el error de trabajar solo, en experimentos de reflexión de neutrones con el núcleo. Éste fue colocado dentro de una pila de ladrillos de tungsteno, reflectores de neutrones, para que el ensamble se acercara a la masa crítica. Mientras intentaba colocar un ladrillo alrededor del ensamble, lo dejó caer accidentalmente en el núcleo, lo cual convirtó a éste en una masa supercrítica, esto produjo una ráfaga de radiación ionizante A pesar de retirar el ladrillo rápidamente, Daghlian recibió una dosis fatal de radiación de 2.0 Gy (5,1 Sv) [71]. [33]Nueve meses después, el 21 de mayo de 1946, el físico canadiense Louis Slotin de 35 años y otros científicos se encontraban en el Laboratorio de Los Álamos realizando una demostración que implicaba la generación de una reacción de fisión al colocar dos semiesferas

Únicamente con juntar mucho uranio en un solo lugar no es suficiente como para comenzar una reacción en cadena. Los neutrones son emitidos por un núcleo en fisión a una velocidad muy elevada. Esto significa que los neutrones escaparán del núcleo antes de que tengan oportunidad de golpear cualquier otro núcleo. Para obtener neutrones lentos o tambien llamados neutrones **térmicos** se necesita un moderador, esto es un material que produzca colisiones elástica, elementos ligeros son los más eficaces como moderadores (el deuterio o agua pesada y el grafito son los moderadores más comunes [74]).

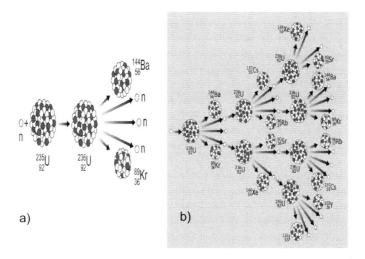

Figura 5.5: a) El núcleo de uranio-235 se rompe en dos fragmentos más ligeros (kriptón-89 y bario-144, por ejemplo) liberando 2 o 3 neutrones, b) Dado que cada uranio-235 produce 2 o 3 neutrones, se genera una reacción en cadena que multiplica la cantidad de energía producida.

En 1939 se forma el programa de armas nucleares alemán[34], Werner Heisenberg[35] acepta dirigir el intento nazi por obtener un arma atómica[36]. En

---

de berilio alrededor del mismo núcleo de plutonio que había matado a Daghlian. La mano de Slotin portaba un destornillador que separaba los hemisferios teniéndolos parcialmente cerrados. Repentinamente el destornillador resbaló, los hemisferios se cerraron completamente y el núcleo alcanzó el nivel supercrítico, liberando una alta dosis de radiación (10 Gy, 21 Sv). Slotin separó rápidamente las dos mitades, deteniendo la reacción en cadena y salvando inmediatamente las vidas del resto de los científicos en el laboratorio. Louis Slotin murió nueve días después de envenenamiento agudo por radiación [72, 73].

[34]Conocido como Uranverein (el club del uranio), formado en septiembre de 1939, incluía físicos como Kurt Diebner, Walther Bothe, Siegfried Flügge, Hans Geiger, Otto Hahn, Paul Harteck, Gerhard Hoffmann, Josef Mattauch, Georg Stetter, Heisenberg, Klaus Clusius, Robert Döpel y Carl Friedrich von Weizsäcker.

[35](1901-1976) Físico teórico aleman conocido por formular el principio de incertidumbre, Premio Nobel de Física en 1932.

[36]En septiembre de 1941 Heisenberg visitó a Niels Bohr en Copenhague, habló con Bohr

julio de 1939, Leo Szilard[37] convenció al economista Alexander Sachs de la necesidad de la iniciativa decidida de Estados Unidos en las aplicaciones militares de la fisión, con el fin de contrarrestar los avances alemanes. Szilard pidió a Einstein que escribiera una carta al presidente Roosevelt esbozando los peligros y las oportunidades de la fisión[38]. El Presidente creó de inmediato un Comité Asesor sobre el Uranio (ACU) bajo la presidencia del científico del gobierno Lyman J. Briggs.

Los esfuerzos de Fermi en Nueva York para producir una reacción en cadena con uranio natural y un moderador de grafito se consideran prioritarios, junto con estudios sobre la separación del isótopo uranio-235 en varios laboratorios de investigación. En Berkeley, Glenn Seaborg[39] descubrió el elemento 94 (plutonio)[40] en febrero de 1941.

En junio se crea así la Oficina de Investigación Científica y Desarrollo (OSRD)[41], que depende directamente del Presidente.

El 9 de octubre, Roosevelt concede a V. Bush plena autoridad para

---

sobre el proyecto de bomba atómica alemana e incluso le hizo un dibujo de un reactor. En 1942 Heisenberg dio una conferencia sobre el enorme potencial energético de la fisión nuclear, afirmando que se podrían liberar 250 millones de electronvoltios (250 MeV) a través de la fisión de un núcleo atómico [79]. En diciembre de 1944 dio una clase en Suiza sobre la teoría de la matriz S, la oficina de servicios estratégicos estadounidense (hoy CIA) envio a Moe Berg (beisbolista de las ligas mayores) con ordenes de dispararle si indicaba que Alemania estaba cerca de construir la bomba atómica, por suerte no hubo señales para asesinarlo [77, 78]. Al final de la guerra en Europa, Heisenberg, junto con Otto Hahn, Carl Friedrich von Weizsäcker y Max von Laue, fueron detenidos, a comienzos de julio de 1945 fueron internados en una casa de campo llamada Farm Hall. El 6 de agosto a las nueve de la noche se reunieron en torno a la radio para escuchar el reportaje de la BBC acerca de la detonación de la bomba atómica sobre Japón. Heisenberg comenzó a hacer cálculos donde comentó que sólo hacía falta 50 kg de uranio-235 para generar la masa crítica

que explotaría en forma de bomba. Durante muchos años hubo la duda acerca de si este proyecto fracasó por impericia de sus integrantes o porque Heisenberg y sus colaboradores se dieron cuenta de lo que Hitler podría haber hecho con una bomba atómica.

[37](1898-1964) Físico judío húngaro-estadounidense quien publicó junto con Fermi el trabajo sobre producción y absorción de neutrones en uranio [63] así como copropietario, de la patente sobre el reactor nuclear [64].

[38]La carta se preparó, con la contribucion de Edward Teller y Eugene Wigner, en la época que se redactó la carta, el material estimado necesario para producir una reacción de fisión en cadena era de varias toneladas [65, 66]. Sin embargo, siete meses más tarde un importante avance logrado en Gran Bretaña estimaría la masa crítica necesaria en menos de 10 kg.

[39] (1912-1999) Químico atómico y nuclear estadounidense Premio Nobel de Química en 1951 por sus descubrimientos en la química de los elementos transuranicos (descubre y aisla diez elementos químicos).

[40]($^{239}_{94}Pu$) Sus propiedades de fisión fueron estudiadas por él mismo y Emilio Segrè. Su uso como una alternativa al uranio-235 se convirtió en una importante opción. Casi no existe en estado natural, se obtiene a partir de uranio-238.

[41]Debido a que Vannevar Bush un ingeniero estadounidense convence a Roosevelt de la necesidad de que los científicos tomen parte en las actividades de defensa y en el desarrollo de nuevas armas. El ACU se pone bajo el control de la OSRD con el nuevo nombre de Sección S-1. Se alienta la participación de la industria en la producción de plantas piloto y se establece un control político más estricto de la investigación.

investigar si se puede construir una bomba, y a qué precio, proporcionando la financiacion necesaria mediante fondos especiales presidenciales[42].

Durante este tiempo, el físico Arthur Compton en Chicago fue el artífice de lograr la primera reacción en cadena para la producción de plutonio, mientras que Ernest Lawrence en Berkeley de la separación isotópica electromagnética del uranio-235 usando ciclotrones especialmente diseñados a tal efecto y Harold Urey de la separación isotópica a través de centrifugadoras y difusión gaseosa [68].

En septiembre de 1942 el general Leslie Groves es nombrado jefe militar del proyecto denominado Distrito de Ingeniería Manhattan (MED)[43] [60].

En ese entonces los experimentos de Enrico Fermi con uranio natural de mayor calidad rodeado de bloques de grafito[44] le hicieron confiar en alcanzar una reacción en cadena controlada automantenida.

Para el diseño real de la bomba, J. Robert Oppenheimer, director científico del MED, decidió reunir a todos los científicos y expertos técnicos necesarios en un nuevo laboratorio secreto, que fue construido en Los Álamos[45].

La investigación sobre las propiedades químicas, físicas y metalúrgicas del nuevo material prosiguieron en Los Álamos en cuanto se entregó el plutonio, la primera vez en cantidades del orden del gramo y, a partir de la primavera de 1945, en cantidades sustanciales, suficientes para la producción de tres bombas [80].

El 3 de julio de 1945 se completó la bomba de uranio-235 llamada "Little Boy" en los Álamos (ver Figura 5.6 a). El material fisible había sido enriquecido al 86 % para tres masas críticas, cada una de unos 60 kg. Su detonación estaba basada en la técnica cañón, utilizando un cañón de 180 cm y de 453 kg de peso. "Little Boy" tenía tres metros de largo y 70 cm de diámetro, lo suficientemente pequeño para caber en el compartimiento de bombas de un bombardero B-29 y un peso total de 4000 kg[46].

---

[42]Cuando los EE.UU. entraron en guerra en diciembre, el programa nuclear de Estados Unidos recibió el más alto nivel de recursos, sin ninguna limitación presupuestaria.

[43]Quien inmediatamente asigna la máxima prioridad a la obtencion de los materiales necesarios y selecciona un área de unos 230 kilómetros cuadrados en Tennessee (Oak Ridge) para la construcción de los laboratorios dedicados a la producción de los materiales fisibles.

[44]Estos bloques eran apilados, de ahí el nombre de pila atómica.

[45]Una meseta apartada en Nuevo México, durante el invierno de 1942-1943. En marzo de 1943, en el laboratorio bajo responsabilidad de la Universidad de California, comenzó la investigación básica para producir "un arma militar práctica". Varios equipos de investigación fueron trasladados desde todo EE.UU.: el ciclotrón de Harvard, dos aceleradores de Van de Graaff de Wisconsin, uno de Cockcroft-Walton de Illinois, etc. La población de Los Álamos se vió duplicada cada 9 meses, para llegar a más de 5.000 habitantes en 1945. A pesar de las limitaciones militares, Oppenheimer logró mantener el estilo de una institución científica y hacer un trabajo de investigación gratificante. La vida allí era difícil, pero apasionante y el contacto con los científicos con experiencia permitió a los físicos jóvenes adquirir habilidades vitales.

[46]Los científicos tenían confianza total en que funcionaría y por eso no fue necesario una prueba preliminar.

La bomba de plutonio "Fat Man" tenía un núcleo de plutonio que pesaba aproximadamente 6.1 kg y requería su detonación con la técnica de implosión, utilizada para evitar la predetonación y empleando aproximadamente 2300 kg de explosivo de alta potencia (ver Figura 5.6 b). El núcleo, el reflector de uranio, y los explosivos se mantenían en su posición mediante de una esfera de metal construida con 12 secciones pentagonales. El arma tenía aletas estabilizadoras y una cubierta externa en forma de huevo de 150 cm de diámetro. "Fat Man" tenía 365 cm de largo y pesaba 4900 kg.

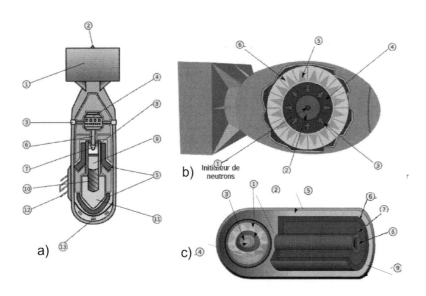

Figura 5.6: Un esquema sencillo de tres tipos de bombas nucleares: a) Bomba de fisión de uranio por disparo (generacion 0 tipo Little boy): 1. Aletas estabilizadoras, 2. Cola, 3. Entrada de aire, 4. Detonador de presión, 5. Contenedor de plomo, 6. Brazo detonador, 7. Cabeza detonador, 8. Carga explosiva, 9. Proyectil Uranio-235, 10. Cilindro del cañón, 11. Objetivo 235 uranio con receptáculo, 12. Sondas para telemetría (altímetro), 13. Fusibles de disparo de bomba. b) bomba de fisión de plutonio por implosión (propuesto por John von Neumann) (1ra generación): 1. Iniciador de neutrones, 2. Coraza de plutonio, 3. Onda de choque, 4. Ariete, 5. Explosivo lento, 6. Explosivo rápido. c) bomba de fisión-fusión-fisión (4ta generación): 1. Explosivos químico, 2. Uranio-238, 3. Vacio, 4. Gas de Tritio, 5. Poliestireno, 6. Uranio-238, 7. Litio 6 deuterio, 8. Plutonio, 9. Envolvente reflejante.

Cuando hubo suficiente plutonio disponible, se realizó una prueba[47] de

---

[47]La prueba permitió el análisis de algunos detalles técnicos, pero el objetivo principal fue experimentar los efectos de una explosión nuclear.

una bomba completa en Alamogordo, en el desierto de Nuevo México, en el lugar conocido como "Trinity". La prueba se efectúo a mediados de julio de 1945 (ver Figura 5.7). La eficiencia de la bomba fue estimada en un 17 % y la explosión liberó una energía equivalente a 22 kt. Ninguno de los testigos estaba preparado para el evento real: el flash de luz inicial y la bola de fuego sin sonido, seguido por el calor silencioso de la luz y simultaneo golpeteo en las mejillas, hasta la onda expansiva que se desplazaba a través del suelo del desierto y la nube de cenizas formando la forma ominosa del hongo nuclear[48]. Un minuto después de la explosión la emisión de luz se detiene, y la nube alcanza unos 7 km de altitud.

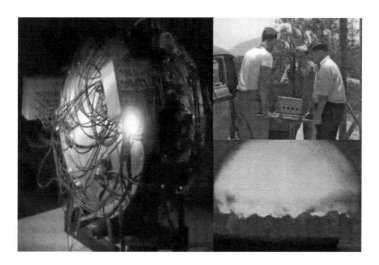

Figura 5.7: Dispositivo de la bomba atómica de la prueba Trinity. (derecha superior) Louis Slotin y compañia transportando el nucleo de la bomba. (derecha inferior) Imagen de la prueba, se puede observar el brillo de la onda expansiva.

En la mañana del 6 de agosto de 1945 a las 8:15 a.m., "Little Boy" fue lanzado sobre Hiroshima [81], explotando a 580 m sobre la ciudad liberando una energía estimada entre 12 y 15 kt. El 9 de agosto de 1945 a las 11:02 a.m., "Fat Man" explotó sobre Nagasaki, liberando una energía superior a

---

[48]La evolución de una explosión nuclear y sus efectos depende de la energía liberada (yield), del tipo de explosión (superficial, a alta altitud, bajo el agua, subterránea) de las condiciones meteorológicas y de la naturaleza del terreno. Sin embargo, el fenómeno principal es el mismo. La gran cantidad de energía liberada en tan corto tiempo calienta los materiales a temperaturas del orden de varias decenas de millones de grados y se alcanzan presiones del orden de millones de veces la presión atmosférica. Se irradia gran cantidad de energía en forma de rayos X, que son absorbidos por el aire, lo que conduce a la formación de una masa de aire extremadamente caliente e incandescente. Esta bola de fuego crece en tamaño y asciende disminuyendo su temperatura.

las 22 kt. Las dos ciudades fueron destruidas, con más de 100 000 muertes y más de 100 000 heridos. Japón se rindió, y la Segunda Guerra Mundial llegó a su fin. La decisión de lanzar la bomba estuvo motivada tanto militarmente como políticamente, en primer lugar para evitar un gran número de víctimas estadounidenses en una posible invasión al Japón y para acabar la guerra antes de que la Unión Soviética pudiera expandirse en el área del Pacífico .

¿Pero terminó ahi todo? La respuesta es que no, tiempo después se volvieron a crear nuevas y mas poderosas bombas por ejemplo:

- De fisión (como RDS1[49] (1949), Hurricane[50] (1952), Ivy King[51] (1952), y otras más de Francia, India, China, Pakistan (1998), y Corea del Norte (2006, 2009 y 2013[52] [82, 83]).).

- Posteriormente nuevas generaciones de bombas han aparecido [84, 85] como son las bombas de fusion[53] (ver Figura5.6 c) ( como la bomba de Hidrógeno [87] o termonuclear[54] como Ivy Mike[55] (1952), RDS-6s[56] (1953), Castle Bravo[57] (1954), Grapple X[58] (1957), RDS-202 (Bomba más poderosa del mundo)[59] y otras de China, Francia y Norcorea[60].),

- La bomba de neutrones[61] se atribuye a Samuel Cohen que la desarrolló en 1958 [94]. Su ensayo se autorizó y llevó a cabo en 1963 en Nevada. Su desarrollo fue aplazado por el presidente Jimmy Carter en 1978

---

[49]Bacrónimo de "Special Reactive Engine" (Reaktivnyi Dvigatel Spetsialnyi), or "Stalin's Reactive Engine" (Reaktivnyi Dvigatel Stalina), or "Russia does it herself" (Rossiya Delayet Sama), bomba de plutonio hecha en Russiacon potencia de 22kt.

[50]Bomba de plutonio de Reino Unido de 25 Kt.

[51]La bomba de fisión más poderosa echa en Estados Unidos echa de uranio enriquecido con potencia de 500 Kt.

[52]6-9 Kt.

[53]El proceso ocurre al fusionarse los núcleos de deuterio ($^2$H) y de tritio ($^3$H), dos isótopos del hidrógeno, para dar un núcleo de helio (He). La reacción en cadena se propaga a los neutrones de alta energía desprendidos en la reacción. Elaborada con la configuración de Teller-Ulam para sus dos principales contribuyentes, el físico Edward Teller (1908-2003) y el matemático Stanislaw Ulam (1909-1984) propuesta en 1951 [86].

[54] No son bombas de fusión pura, sino bombas de fisión/fusión/fisión.

[55]Primer bomba termonuclear estadounidense de 10 Mt.

[56]Primera bomba de fusión nuclear soviética con potencia de 400 Kt.

[57]Bomba termonuclear estadounidense de 15 Mt.

[58]Primera bomba termonuclear británica 1.8 Mt.

[59]O bomba del Tsar, construida en 1961 en Rusia, 50 Mt de potencia.

[60]No esta oficialmente confirmado, pero los estudios de terremotos y análisis satelitales indican que pudieron haberse llevado acabo pruebas con magnitudes de 140, 250 y 300 Kt [88, 89, 91, 91].

[61] Es una bomba de fisión-fusión, normalmente menos del 25 % de la energía liberada se obtiene por fisión nuclear y el otro 75 % por fusión. Al detonar una bomba N se produce un daño mínimo a estructuras y edificios, pero tiene un gran efecto en seres vivos [95]. Por ello se ha incluido a estas bombas en la categoría de armas tácticas, pues permiten la continuación de operaciones militares en el área por parte de unidades dotadas de protección NBQ.

tras protestas en contra de su administración por planes de desplegar ojivas a Europa. El presidente Ronald Reagan reinició la producción en 1981 [92, 93].

Después de la guerra exactamente el 29 de septiembre de 1954, 12 países europeos fundan en la frontera franco-suiza en Ginebra, el CERN (que responde al nombre en francés de Conseil Européen pour la Recherche Nucléaire [97]) Consejo Europeo para la Investigación Nuclear, esto como consecuencia de la reunión de París del 30 de junio de 1953 [96] con el propósito de llevar a cabo un programa acordado de investigación de carácter científico y fundamental puro relacionado con partículas de altas energías. El CERN es hoy en día un modelo de colaboración científica internacional y uno de los centros de investigación más importantes en el mundo. Actualmente cuenta con 23 estados miembros, los cuales comparten la financiación y la toma de decisiones en la organización. Además, otros 28 países no miembros par- ticipan con científicos de 220 institutos y universidades en proyectos en el CERN utilizando sus instalaciones.

En CERN se construyó el LHC (el Gran Colisionador de Hadrones por sus siglas en inglés), el más potente y grande accelerador de partículas hasta fechas del 2020, comenzando el funcionamiento el 10 de septiembre de 2008 [98]. Este acelerador consiste de un anillo de 27 km de circunferencia formado por arreglos de superconductores y estructuras aceleradoras las cuales aumentan la energía de las particulas que circulan (véase Figura 5.8) y además cuenta con 4 principales experimentos: ATLAS, ALICE, CMS y LHCb, cada uno con propósitos de estudios de físicas diferentes, pero cuyo propósito general es estudiar los primeros instantes del Universo, para responder a la pregunta ¿de qué está formada la materia?

De acuerdo a la Cosmología, el principio del universo, es decir, el punto inicial en el que se formó la materia, el espacio y el tiempo, es descrito por una teoría denominada el Big Bang[62] [99], planteado en 1948, por el físico ucraniano estadounidense George Gamow (1904-1968), donde según la teoría esto ocurrió hace unos 13 800 millones de años, y cuyas motivaciones tanto teóricas como experimentales que denotan el movimiento y la expansión del Universo de Alexander Friedman (1922), Alexander Friedman (1927), Edwin Hubble (1929), dieron origen a esta teoría, así como también las confirmaciones de las observaciones de Vesto Slipher y Carl Wilhelm Wirtz (1910) de la expansión de las galaxias. Con el pasar de los años, las evidencias observacionales apoyaron la idea de que el universo evolucionó a partir de un estado denso y caliente. Desde el descubrimiento de la radiación de fondo de

---

[62]El término fue dado por el astrofísico inglés Fred Hoyle, uno de los detractores, pues aunque no se refiere a una explosión en un espacio ya existente, sino que designa la creación conjunta de materia, espacio y tiempo, a partir de lo que se conoce como una singularidad, es decir, un punto al que matemáticamente nos podemos acercar más y más, pero sin llegar a él [100].

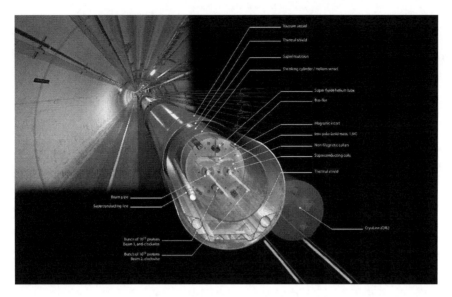

Figura 5.8: Vista transversal del tubo conductor del haz dentro del LHC.

microondas, en 1965, esta ha sido considerada la mejor teoría para explicar la evolución del cosmos.

Pero para estudiar esos primeros instantes parece casi imposible, tanto como volver al pasado. Sin embargo en los laboratorios como en el CERN se puede recrear algo análogo al "Big Bang", lo que se conoce como "Little Bang", donde el primero es estudiado por observaciones satelitales, mientras que el segundo por colisiones relativistas de iones pesados [101] y cuya analogía se dá no solo el los objetivos físicos últimos, sino también en las formas en las cuales los datos son analizados.

Para el estudio de este pequeño instante, se hace una reconstrucción evento por evento de las trazas dejadas en los detectores por las partículas producidas en las colisiones, estudiando cantidades invariantes como el momento transverso, la energía, o los ángulos de pseudorapidéz o el formado en la proyección del plano transverso, uno puede estudiar varias observables de las formas de estos "primeros fuegos artificiales" (véase Figura 5.9) y así describir algunas propiedades de los estados primogéneos de la materia, tales como el QGP (plasma de quarks y gluones) [101], entre muchas otras cosas más.

Volviendo al epigrama del inicio del capítulo, se puede ver que así es como en la historia pasamos del Del Amrit al Kalakūta, de intentar obtener el elixir de la vida e inventar ese veneno, la pólvora, para después llegar a manos de Rudra ese monstruo destructor (la bomba atómica), posteriormente todos poseían esa sustancia venenosa o el poder del conocimiento, pero fué hasta que el bebió a sustancia para prevenir la destrucción del universo y se volvió Nila Kantha[63], mostrando el lado benevolente (Shiva) (en principal analogía con CERN[64] y demás instituciones de investigación nuclear) decidió beber esa sustancia para dar la inmortalidad (el conocimiento de la ciencia básica y sus avances tecnológicos) a los mortales tanto devas (semidioses) como asuras (demonios).

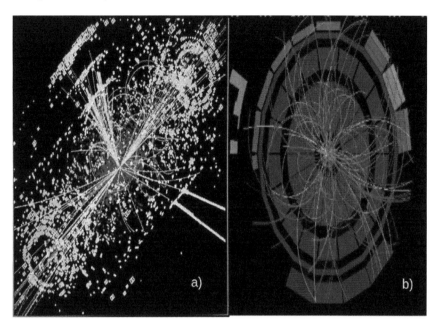

Figura 5.9: a) Un ejemplo de simulación a partir de los datos de la desintegración dos protones de muy alta energía generando un Bosón de Higgs en el decaimiento en dos haces de hadrones y dos electrones en el detector CMS del LHC en el CERN. Las lineas representan las posibles vias de desintegración, mientras que la zona en azul claro representa la energía obtenida en la desintegración de las partículas en el detector. b) Una visualización de las trazas dejadas por el paso de las partículas en colisiones de iones pesados en el experimento ALICE del CERN.

*... y entre más recordaba momentos del pasado donde pude apreciar la belleza de la pirotécnia, mi curiosidad me hacía preguntarme ¿Cuales fueron los primeros fuegos artificiales? más ayá de lo que mi memoria podría recordar o de la de cualquier ser humano, y donde quizá la etiqueta de "artificiales" no tendría sentido, ... a menos que pudieramos recrearlos.*

[63]Garganta azul. [102]

[64]En cuyo tunel poseé un tubo azul gigante cuyo fin es conducir del haz de protones dentro del acelerador (este tubo enfriados por helio superfluido, compuesto de cámaras de vacío, aislantes térmicos y dipolos magnéticos y bobinas superconductoras, ver figura 5.8.)

# 6

# ¿Cómo? ¿regresar en el tiempo?

> El universo podría tener una
> geometría que le permitiera
> retroceder en el tiempo y crearse
> a sí mismo. El universo podría ser
> su propia madre.
>
> John Richard Gott

En principio toda persona es un viajero del tiempo, siempre viajamos hacia el futuro. Pero ¿sería posible estar en el futuro, sin saber que eso es el futuro?. o mejor aún ¿viajar hacia el pasado, más ayá del simple recuerdo, como si hubieses estado sin haber estado, o realmente ir hacia atrás en los eventos? A veces las personas vivimos sucesos que nos hacen tener una especie de pensamientos extraños ("Stranger thinks"), donde la mente puede jugarnos una especie de sensación de haber viajado en el tiempo, ver cosas que ocurrieron en un pasado donde no existíamos aún, hacernos sentir (haber visto[1], oído[2], sentido[3], visitado[4] o experimentado[5]) una situación con anterioridad, o posibles intuiciones o sentimientos que presagian un hecho futuro.

*... Y de repente me di cuenta que en mi propio futuro estaba viajando al pasado[6], esto era imposible según las leyes de la física, donde el viaje es*

---

[1] Déjà vu, término fue creado por el investigador Émile Boirac (1851-1917) en su libro L'Avenir des sciences psychiques [165]

[2] Déjà entendu

[3] Déjà senti

[4] Déjà visité

[5] Déjà vécu

[6] Esto me recuerda a una frase de Merlín: "Ahora la gente ordinaria crece hacia adelante en el tiempo, si entiendes los que digo, y todo en este mundo va hacia adelante también ... Pero desafortunadamente nací en un tiempo incorrecto, y tengo que vivir hacia

*prohibido por la entropía, tan sorprendido estaba al punto de ver sucesos de su pasado que me gustaran o no ocurrieron. Sin embargo el tiempo transcurría, y veía sucesos de mi vida en sentido contrario al usual, así parecía que todo comenzaba en una especie de luna de miel, ella y yo ebriamente apasionados, rojo era lugar, con diversos olores como el ramo multicolor de rosas que posteriormente le regalé, al ver que regresaba vestida de blanco como si la boda ocurriera después de estar con ella, hacia atrás en la historia todo parecía ocurrir, ¿que tan hacia atrás podría ocurrir el viaje? Independientemente del día a día, siempre había momentos que me hacen viajar al pasado.*

*... Y el 30 de abril del 2019 le regalé a un afortunado niño un presente de cumpleaños, una playera azul USPA, un short y un par de zapatos azules con mi inicial, no conocía sus gustos, pero imaginaba que se vería bién, meses después veo una foto de el mismo pero la foto es de hace mas de un año[7], el traía unos zapatos azules que llevaban mi inicial, pero la foto era antigua, aún no lo conocía al menos que yo recordara, parecía que hubiese viajado en el tiempo, pero eso no es posible. Debería ser mera casualidad ¿Qué probabilidad existe de que este evento ocurra, si no había un previo conocimiento de sus gustos, ni inferencia alguna de que tipo de zapatos debía comprar?, ¿Sería posible que mi poder de inferencia fuera tan exacto que hubiera atinado exactamente a su gusto? ...*

*... Tiempo después veo en sus fotos públicas la imagen de alguien, era una persona de gorra negra barba, alta y un poco mas gordo que aquella maldita persona, la cual aquella vez que caminaba por la madrugada intentó asesinarme, me quedé un poco desconcertado, ¿se trataba de un intento de crimen doloso pasional?, pero recuerdo que esa vez que la persona no dijo nada, no me conocía y solo intentó apuñalarme, al menos me hubiese reclamado, ¿coincidencia quizá? Quizá solo fue un evento de alta probabilidad, dado que los habitantes del lugar son muy parecidos, quizá esa vez solo experimentaba un recuerdo de un mal pasado, esperemos que eso sea, pero si el tiempo es irreal, no quisiera pensarlo como una imagen del futuro y que depronto se convirtiera en un "Déjà vu" en algún presente.*

*... Y la única máquina en GMC que quizá fuese la responsable de esos viajes en el tiempo, seguro estaba dentro de esa habitación, aquella con luces rojas como los haces de luz láser de aquella máquina que describía Ronald Mallet[8], que mediante los reflejos que se producían en el espejo imitaban los*

---

atrás desde enfrente, mientras me rodea mucha gente que va hacia adelante desde atrás" [166].

[7] 17 marzo 2018 para ser exacto.

[8] Nacido el 30 de marzo de 1945, es un físico teórico americano, mejor conocido por su posición científica de la posibilidad del viaje en el tiempo [167].

*rayos curvarse en forma de espiral, que quizá producían un efecto de frame dragging*[9], *véase Figura 6.1, (pero el viaje temporal de Mallet solo se aplicaría para la información cuántica y con lásers de alta potencia, algo que no podría haber ocurrido en la realidad con un sistema macroscópico), cada véz que entrabamos, una y al menos cinco veces más, con música de fondo, entre miradas, conversaciones y pasiones, parecía que nos iniciabamos en un viaje espacio temporal, el tiempo parecía dilatarse, pero su dirección al menos para mí era en retroceso, algo que me daba cuenta al comparar dos instantes; y después de reconstruir paso a paso cada memoria y cada pista que me revelaba el Universo, aquella máquina ficticia la llamé la "habitación del tiempo".*

Figura 6.1: a) Impresión artística de un agujero negro giratorio, alrededor del cual el efecto Lense-Thirring (frame-dragging) debería ser significativo. b) Ronald Mallet y su prototipo de máquina del tiempo basada en haces de láseres circulantes.

---

[9] Es un efecto en el espacio tiempo predicho por Albert Einstein y es debido a distribuciones no estáticas estacionarias de masa y energía, donde las masas causarían que el campo sea no estático mediante la rotación de estas, el primer efecto fue derivado en 1918, por el físico austriaco Josef Lense y Hans Thirring, conocido como el efecto Lense-Thirring [168]. En la Teoría General de la Relatividad de Einstein, materia y energía pueden crear campos gravitacionales. Lo que significa que la energía de un haz de luz puede crear un campo gravitacional [169] y a suficientes energías, el láser circulante puede producir no solo frame-dragging sino también curvas de tiempo ceradas, permitiendo el viaje en el tiempo al pasado [170].

Si al final lo que requerimos para estudiar los primeros fuegos artificiales es regresar en el tiempo al instante de la colisión, uno se preguntaría ¿Cómo? ¿regresar en el tiempo? ¿A quién no le gustaría? y pues todos hemos visto las historias de ciencia ficción como la película "Volver al Futuro" (1985) o la serie "Dark" (2017-2019) donde podrían tener un truco detrás revelando por que es posible el viaje en el tiempo. Pero surgen muchas preguntas tales como ¿cómo describen en la teoría los viajes en el tiempo? ¿cómo saber si es posible en un mundo como en el que vivimos?, o ¿qué leyes de la física impedirían suavemente o estrictamente el viaje temporal? para esto discutiremos algunos temas.

## 6.1. Curva cerrada de tiempo, protección cronológica y el principio de autoconsistencia

En la teoría de relatividad, el espacio tiempo es visualizado como un sistema coordenado donde una de las coordenadas es el tiempo y otras son el espacio, Einstein a su vez propone que la velocidad de la luz es un límite por lo que cualquier objeto en el universo se movería dentro de lo que se conoce el cono de luz[10], así cualquier objeto al moverse en el tiempo describe una línea que es conocida como "línea del Universo"[11].

Una curva cerrada de tiempo[12] o curva temporal cerrada (closed timelike curve, o abreviadamente CTC, en inglés)[13] a la línea de universo de una partícula material que está cerrada en el espacio-tiempo, es decir, que es susceptible de regresar al mismo estado del que partió en el tiempo (véase Figura 6.2).

Bueno y si se pudiera viajar al pasado y mataras a tu abuelo, mismo que no daría a luz a tu padre, y por tanto tu no fueras concebido, ¿eso no contradecirá el instante en el que viajaste de tal forma que ese evento no

---

[10]la región por encima de la recta $t = x/c$ para $t > 0$ con una velocidad menor a c, esto es la región $x < ct$ donde podría moverse cualquier objeto del universo.

[11]Representa una sucesión causal de acontecimientos y no está restringido a ninguna teoría específica. Incluso el término ha sido usado en sentido artístico-humorístico; el físico George Gamow tituló su autobiografía My World Line

[12]Con estudios precursores del físico húngaro Cornelius Lanczos en 1924 y planteada por el físico holandés Willem Jacob van Stockum en 1937 [172] así como por el matemático austriaco Kurt Gödel en 1949 [173].

[13]Las CTC suelen aparecer en inobjetables soluciones exactas de la ecuación de campo de Einstein, dentro de la relatividad general, incluidas algunas de sus soluciones más importantes, como: el agujero negro de Kerr, la solución de Willem Jacob van Stockum, la solución del universo rotatorio de Gödel, el Espacio de Misner también es conocido como orbifold Lorentziana, la solución de Bonnor-Steadman y el giroscopio láser de anillo de Ronald Mallet al considerar los campos gravitacionales fuertes y débiles producidos por una simple y continua circulación unidireccional de un haz de luz.

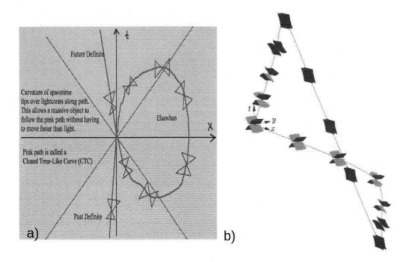

Figura 6.2: a) Curva cerrada de tipo tiempo, b) Receta para construir una curva cerrada en el tiempo en coordenadas cartesianas del espacio tiempo de Gödel [171].

pudieras matarlo, violando así el principio de causalidad?[14]
Como respuesta a esta paradoja, en 1992, Stephen Hawking formuló la conjetura de protección cronológica [175], que sostiene que las leyes de la Física son tales que impiden el viaje en el tiempo en cualquier escala que no sea submicroscópica[15].

Pero esto deja una pregunta más ¿es este aparente impedimento de las curvas cerradas de tipo tiempo una restricción general de la física, de la misma clase que la ley de la conservación de la energía, o se trata más bien de una coincidencia accidental?

A mediados de la década de 1980 Ígor Nóvikov postuló el "Principio de autoconsistencia de Nóvikov", que aseguraría que la línea temporal se mantuviese consistente, o la idea de que el viajero en el tiempo se transfiere

---

[14]Esta es conocida como la paradoja del abuelo, y establece que si el viaje en el tiempo es posible, entonces un viajero en el tiempo puede hacer cualquier cosa que sucedió, pero no puede hacer nada que no sucedió. Hacer algo que no sucedió resulta en una contradiccion [174].

[15]Hawking advierte que la mejor demostración de dicha imposibilidad es que en la actualidad no estamos siendo invadidos por turistas venidos del futuro, afirmación que obviamente expresó siendo consciente de que una curva cerrada de tipo tiempo no permitiría viajar a un tiempo anterior al de su creación. Como aún no se ha construido ninguna máquina del tiempo, no habría por qué esperar turistas temporales.

a un universo paralelo mientras que su línea de tiempo original permanece indemne, no se considera que protejan suficientemente la cronología, tales como ocurre en las película francesa de 1962 "La Jetée", o la mismísima serie de Dark. En 1996, el físico Li-Xin Li también publicó un artículo en el cual postulaba una anti-conjetura de protección de la cronología[16] [176]. Sobre viajes en el tiempo para sistemas macroscópicos han aparecido varias paradojas como la paradoja de los gemelos, la paradoja de Fermi, la paradoja de la predestinación, la paradoja de Polchinski [177], entre otras, y aún así no se ha comprobado si para sistemas macroscópicos es posible físicamente[17] el viaje al pasado.

## 6.2. Antipartículas e irreversibilidad, dos sentidos opuestos

.

Sentado en un lugar casi oscuro, con una copa de vino y el fondo cubierto de una capa de humo, es un lugar muy propicio para hablar de viajes en el tiempo, puesto que la capa de humo da un ambiente que hace pensar que, si tú pudieras ver la colisión de una partícula subatómica con alguna otra del medio, es probable que vieras la producción o aniquilación de otras partículas, a lo cual hace recordar esa cámara de niebla de Anderson (véase Figura 6.3), con la cual se descubrió la primer antipartícula[18], "el positrón"[19]. Se dice que Richard Feynman, aquel brillante físico que visitaba clubes nocturnos para inspiración; fue el responsable junto con Ernst Stueckelberg [178, 179] de dar la interpretación de las antipartículas como aquellas partículas que viajan en sentido contrario a la dirección del tiempo, esto como una solución al problema de la ecuación de Dirac que daba estados cuánticos de energía negativa. Así parece ser que la interpretación de las antipartículas como aquellas de energía positiva pero viajando en sentido contrario al tiempo, permiten pensar en los viajes al pasado.

Sin embargo volviendo a pensar en el humo del lugar, uno tiende a pensar en los sistemas dinámicos de muchas partículas, así como en **términos**

---

[16] Al aparecer la absorción de materia, las fluctuaciones cuánticas de vacío de todo tipo de campos podrían ser suavizadas; el espacio-tiempo permanecería estable ante la máquina del tiempo contra las fluctuaciones de vacío. La conjetura de protección de la cronología podría fracasar contra la anticonjetura: no hay ley en la física que impida la aparicion de curvas cerradas de tipo tiempo.

[17] Mientras que filosóficamente, y psicológicamente sí.

[18] Una antipartícula que posee la misma masa, el mismo espín, pero contraria carga eléctrica.

[19] En 1932, Carl D. Anderson encontró que las colisiones de los rayos cósmicos producían estas partículas dentro de una cámara de niebla. Posteriormente, el antiprotón y el antineutrón fueron encontrados por Emilio Segrè y Owen Chamberlain en 1955 respectivamente.

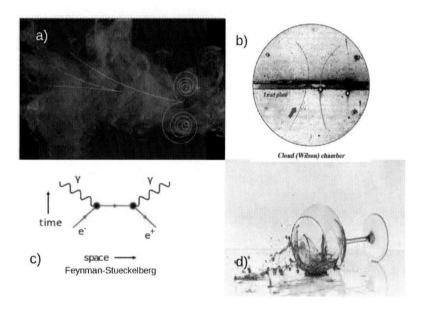

Figura 6.3: a) El humo y trazas de partícula antipartícula, b) Cámara de niebla del descubrimiento del positrón, c) Diagrama de Feynman-Stueckelberg de colisión electrón-positrón, d) el rompimiento de una copa de vino.

de calor y temperatura donde la mecánica estadística, y la complejidad de la segunda ley de la temodinámica toman las riendas sueltas de la evolución temporal y la irreversibilidad de los procesos dados por una transformación de energía por perdida de energía calórica o disipación, Pensémos un poco más en la irreversibilidad, tomando en cuenta aquella copa de vino de la historia. Un ejemplo clásico de un proceso irreversible es el rompimiento de una copa de vino que cae al suelo. Tú no puedes predecir que ocurrirá en este nivel de detalle debido a la macro-descripción de la situación no tiene suficiente detalle de sus micro propiedades para resolver esto. La física subyacente es determinista pero nuestro modelo predictivo clásico no. Solo será posible determinar el rompimiento que ocurrirá si tienes una detallada descripción de la estructura cristalina de la copa, pero ese dato no está disponible en una macro-descripción. Del punto de vista macroscópico lo que ocurre es aleatorio; puedes dar una descripción estadística del resultado, pero no una predicción detallada definida del único resultado. Desde un punto de vista micro clásico es determinista, pero desde una descripción macroscópica y un cuadro del espacio tiempo asociado no contiene esa detallada información. Uno solo puede ver lo que ocurre viendolo ocurrir, el resultado físico (las posiciones y formas de los fragmentos) son revelados conforme el tiempo progresa. Además esta falta de predicción se mantiene en ambas direcciones del tiempo. Considerando la dirección hacia atrás en el tiempo, uno no puede reconstruir los detalles del proceso de destrucción, de los fragmentos en el suelo, debido a que no puedes decir cuando la copa se calló mirando los fragmentos resultantes. Incluso si accediéramos a todos los microdatos disponibles en los últimos tiempos, esa incertidumbre permanecería: ninguna cantidad de recopilación de datos lo resolverá, una vez que las huellas térmicas de la caída se hayan disipado y se hayan fusionado con el ruido de fondo. Resultados similares se mantendrán, por ejemplo, para la explosión de una bomba: la distribución de fragmentos de una bomba que ocurrirá no es predecible a partir de macrodatos disponibles por observa- ción externa, todo esto nos lleva a pensar en leyes que describe la mecánica estadística como lo es la entropía (algo que discutiremos en el capítulo 11). Así para terminar esta corta anecdota, te aconsejo que no menciones viajes hacia el pasado a algún profesor de termodinámica te tomará de a loco por no considerar la irreversibilidad.

Al final de todo sea posible o no el viajar al pasado, los físicos de partículas emplean técnicas estadísticas para determinar ese estado en el pasado, aquel del origen de la materia, mediante la reconstrucción de eventos, algo como si intentásemos describir "la forma" de la copa de vino a través de los fragmentos de los cristales en el suelo; donde usando las mediciones de los detectores, y los métodos estadísticos tradicionales, se buscan correlaciones entre observables que determinan el más probable de los pasados posibles y así comparando con las teorías de la mecánica estadística o la física de partículas (como QED, QCD entre otras mas), se puede dar una explicación de lo que ocurrió. Aunque a veces las observaciones, llegan a diferir con las teorías válidas del momento, algo que determina el descubrimiento de nueva física o la falta del entendimiento del pasado.

# 7

# Nombres divinos, Y vs J

> Saber el nombre de algo/alguien
> no significa que lo entiendas
>
> Richard Feynman

1

-Hola, ¿como te llamas? -Pregunté.
-Hola, Yetzelin -ella me respondió.
-Es curioso, parece que ya te he "visto antes", -Respondí y no, no era una técnica de coqueteo, en realidad tenía esa "forma" tan similar.
-Ha ¿enserio?
-Te pareces mucho a una amiga, alguien que me gustaba, pero se casó... Mira la foto.
-Haa, no se parece mucho a mí, -me contestó.
-Tienes razón, creo que eres la versión mejorada - y sonreí, su forma, sus fulgurantes ojos, hacían apreciar su esencia jovial y alegre, pero su presencia era aún mejor, podía sentirme en resonancia con esa vibración, como si su ser radiara partículas de "encanto" y a la vez un misterio profundo y fundamental ...

Lo primero que me pregunté fue si se escribía como Yet[2] o Jet[3], ya que yo

---

[1] El físico renombrado Richard Feynman, una vez mencionó la diferencia entre conocimiento y entendimiento con la siguiente frase: ¿Ves ese pájaro? es un tordo de garganta marrón (en inglés "brown-throated thrush"), pero en alemán es llamado "Fliegen Vogel", en Chino es "Chi xiong dong", en Japones es "Akahara", e incluso si tu conocieras el nombre en todos los lenguajes para ese pájaro, permanecerías sabiendo nada absolutamente nada acerca del pájaro. Tú solo sabes algo de la gente; dependiendo como llaman al pájaro. Ahora, el tordo canta, y enseña a sus menores a volar, y vuela tantas millas durante el verano a través del país, y nadie entiende como encuentra su camino.

[2] En inglés es una palabra que significa aún, o apesar de todo.

[3] En hebreo la letra jet significaba muro o protección, y se le asocia con el mesías o la torah, representa a la letra h del alfabeto latín, o a la letra het del fenicio, eta en griego. Es

estaba más familiarizado con la palabra jet, que se le denomina en la física de partículas, como a ese conjunto de partículas colimadas en una dirección por la hadronización de quarks y gluones, pero obviamente no tendría que ver con eso y sentía un deber por desentrañar ese misterio.

Usualmente Jet también es más utilizado como nombre masculino en el inglés[4] y como nombre femenino en el holandes[5], luego entonces el nombre Zelin el cual generalmente es un nombre masculino de gente originaria de China o Estados Unidos[6], pero la región hacía inconsistente el uso de tales nombres. Luego pensé en el nombre Yetzel que en la lengua azteca es la forma de referirse al "hombre viejo"[7], pero el género era masculino, y debería de ser un nombre femenino, un término referente al Yin[8] de la filosofía dualista china[9].

Al final encontré que existe el nombre Jetzelín y Yetzelin, donde el segundo su definición decía: El nombre se le asigna a una persona llena de amor, donde sus bellas emociones crean armonía y balance para cualquiera que sea suficientemente afortunado para volverse su amigo (una mujer llena de encanto), éxito y resistencia son dos palabras que mejor la describen y es un nombre que atrae dinero [104]. Desconosco si era la verdadera etimología de su nombre, pero esa descripción quedaba más que perfecto, aunque como decía Feynman, saber el nombre no me dice mucho, y lo importante es entender. Pero ¿esto tiene algo que ver con la física o la ciencia?, la respuesta que te daría yo, es sí, no habría otra forma mejor de hilar esta historia que con una encantadora vieja historia de la física de partículas.

Pero ¿Y vs J nombres divinos? si así es, aunque no hablaré de la lucha de Yahveh[10] contra Jesús[11], para así evitarme conflictos que no tengan que

---

curioso que en el cirílico no haya una letra h como tal, mas sin embargo hay una relación particular entre sus letras Ghe, Ye, Zhe y Dje.

[4]Nombres tales como el artista marcial Jet Li, o el fotógrafo Jet Lowe.

[5]Como nombres de pila para Henriette o Mariëtte, así es el caso de la política de Mariëtte "Jet" Bussemaker ministra de educación cultura y Ciencia 2012-2017 en holanda.

[6]Como Aaron Y. Zelin el investigador del departamento de política en USA, especializado en el estado islámico.

[7]Aunque no solamente por su vejez física sino por sus conocimientos adquiridos por el tiempo, a su experiencia.

[8]El cual se le asocia al mal, al invierno, el lado oscuro, a ese lado misterioso del universo y el control sobre las cosas sin gobernarlas, propiedad la cual desde tiempos remotos se le ha asociado a lo femenino; a la mujer.

[9]El Yin y el Yang opuestos más sin embargo, no son absolutos, ya que para esta filosofía todo lo que existe es relativo, ambas fuerzas se generan y se consumen mutuamente: un aumento de energía yin implica una disminución de energía yang, pero esto no es considerado desequilibrio, sino parte del proceso vital [105].

[10]Transliteración del tetragramaton YHWH (iod,hei,vav y hei), donde hei es muy similar a jet.

[11]Jesús de Nazaret, rey de los judíos "Iesus Nazarenus Rex Iudaeorum" (INRI).

ver con ciencia, pero si existe también una historia para esto [106, 107].

Así como en la discusión previa del nombre Yetzelin o Jetzelin, en la física de partículas también ha habido discusión entre las letras Y[12] y J para un nombre, pero fué un tema que no tiene que ver con dioses, más que con la composición de la estructura de una partícula que ampliaría la estructura matemática de la teoría de ese entonces y de ahí surgió esa divinidad, un número cuántico[13] llamado "encanto" ("charm" en inglés)[14]. Esta historia fué tan importante que en 1976 le concedieron el premio nobel de física a dos personajes, Burton Richter[15] y Samuel Ting[16] por el descubrimiento independiente de la partícula J/$\Psi$[17], una partícula fundamental pero compuesta por dos "partículas elementales"[18] denominados quarks. La importancia de este descubrimiento reside en que después de su anuncio (el 11 de noviem- bre de 1974), rápidamente se dieron varios cambios en la Física de Altas Energías y desde aquel entonces se le conoce colectivamente como la "Revolución de Noviembre" [114, 115, 116], en esta fecha, serían 45[19] años de diferencia.

Usando el acelerador de electrón positrón de Stanford[20], y haciendo co-

---

[12]Esta letra es análoga a la letra Psi ($\Psi$ o $\psi$) del alfabeto griego (transliterada por los romanos con el digrafo "ps"), dado que es la 24-ava letra y es anterior al Omega, "el paso último al fin".

[13]Una propiedad intrinseca de la materia que describe los valores de cantidades conservadas en la dinámica de un sistema cuántico o de pequeña escala.

[14]Nombre asignado por los físicos James D. Bjorken y Sheldon L. Glashow, el cual representa la diferencia entre el número de quarks c y anti-c que estan presentes.

[15]Físico estadounidense (1931-2018), dirigió el equipo del Centro de Acelerador Lineal de Stanford (SLAC) y descubrió una partícula a la que el denominó $\Psi$ [108, 109, 110].

[16]Físico del M.I.T. estadounidense (1936-¿) que dirigió el equipo del Laboratorio Nacional Brookhaven (BNL) y descubrió la particula que llam J [111].

[17]Es una partícula detectable formada por dos quarks de carga opuestas, un quark "encanto" (charm c) y un anticharm ($\bar{c}$), una antipartícula de la otra [112].

[18]Donde elemental quiere decir que son partículas que no están constituidas por partículas más pequeñas, ni se conoce que tengan estructura interna [113].

[19] 45 no es un número cualquiera, en el tarot representado por una persona que levanta una columna ayudándose de una cuerda sobre un campo con espiga de trigo, representa la reconstrucción o regeneración, lo que quiere decir que descubrirás que es posible volver a empezar o rehacer aquellas cosas que creías que habían terminado o que habían quedado completamente destruidas, pero sin ponernos tan místicos, mejor hagamos un juego con números, 45=5X9, es multiplo de 9, y recordemos que los múltiplos de 9 son aquellos que la suma de sus cifras da 9, así para 45, donde 4+5=9, veamos algo mas curioso, por ejemplo la fecha de mi nacimiento 04061988 es múltiplo de 9, pues 9X451332 da es número, pero sin dividir veamos que también cumple con la regla de la suma: $4 + 6 + 1 + 9 + 8 + 8 = 36\ 3 + 6 = 9$, la numerología diría que soy compatible con otro 9, jeje, pero esta no es
    ciencia, aunque las matemáticas sí, apesar de esto, matemáticos como Pitágoras, Paul Dirac, Hermann Weyl y Eddington, les gustaba jugar con la numerología para contestar preguntas como por ejemplo: ¿Está el Universo bien tuneado para nosotros? [117].

[20]Stanford Positron Electron Accelerating Ring (SPEAR).

Figura 7.1: (Izquierda) Samuel Ting mostrando la estructura de la masa invariante de la partícula J en un gráfico. (Derecha) La huella que dejaba la partícula Ψ.

lisionar los haces de electrones y positrones a 3.1 GeV, fue como Richter encontró esta partícula, la cual denominó Ψ, nombre que fue la segunda opción sugerida por el físico griego Leo Resvanais[21], Gerson Goldhaber otro de sus colegas, señalaba que este nombre contenía el nombre SP, en orden inverso, denotando el nombre de la colaboración. Coincidentemente, las cámaras de rayos mostraban que la forma de la huella de esta partícula formaba una Ψ (Figura 7.1 derecha). Por otra parte en el laboratorio de Brookheaven, utilizando una máquina con haces de protones que al inicio eran de 5 GeVs y posteriormente lo redujeron a 3 GeV, Ting (el cual se cuenta que obtuvieron el resultado más rápido y con menos tiempo después de haber echado a andar el experimento, pero que evitó anunciarlo para garantizar que no se hubiese cometido error alguno [116]) descubrió la partícula la cual denominó "J", se dice que le llamó así ya que aludía al caracter chino de su nombre, además que hacía referencia a la primera letra de su hija más grande llamada Jeanne, también se menciona que hacía honor a Jean-Jacques Aubert un miembro de la colaboración de Ting, quien esa vez anunció el descubrimiento un seminario de CERN [118]. Ting mencionaba que se le hacía raro la gran amplitud y estrecho rango de energía de su ancho de decaimiento que

---

[21]Se dice que la primer opción de letras no utilizadas era la letra griega Iota ($\iota$), pero significaba algo pequeño, y el descubrimiento era grande, por lo que se le asigna la letra psi (Ψ) la cual es un simbolo representativo del planeta Neptuno, el diós romano, o Poseidon diós Griego quien portaba un tridente (con el cual golpeó una roca, apareciendo un mar en el Acrópolis), la letra significaba algo grande, lo cual convenció a Richter de nombrarla así, la figura del tridente también es asociada al trishula, el arma de Shiva que se usaba para pelear con los demonios y en el taoísmo significa la alta autoridad del cielo.

mostraba su estadística, lo cual indica que la partícula poseía un tiempo de vida más largo (Figura 7.1 izquierda).

Nadie sabía que esta estructura realmente estaba formada por 2 quarks de tipo "encanto", se pensaba que se trataba de un bosón vectorial, un bosón intermediario electrodébil o un bosón de Higgs. Fue posteriormente en 1976 cuando se identificó que este estado de confinamiento era consistente con lo que J. Bjorken[22] y[23] S. Glashow[24] propusieron en 1964 en Copenhagen[25], prediciendo así partículas con contenido de quarks tipo "charm". Glashow mencionó en 2017: "¡Sin embargo, no reconocimos el encanto como un dispositivo usado para evitar el mal! ¡Nadie más lo haría por otros seis años!" [120], así entonces el $\Psi$ hace alusión a ese dispositivo usado contra los demonios.

La producción de partículas $J/\Psi$ sigue siendo de importancia en experimentos como ALICE, que en 2017 obtuvo resultados su flujo elíptico [121, 122], mostrando que se obtiene un valor mayor al esperado por la teoría, en la cual se espera supresión por disociación debido a la densidad de carga de color de los alrededores y regeneración por recombinación de los quarks tipo charm deconfinados, los cuales al termalizar deben heredar su flujo [123]. Esto al igual que los jets [119], da una señal del comportamiento de ese estado de la materia denominado plasma de quarks y gluones (QGP por siglas en inglés), objeto de estudio de mi investigación y algo que se discutirá posteriormente.

*... Y así como en las partículas elementales, su "encanto" fue lo que me cautivó, y al igual que la $\Psi$ o la $Y$, mi arma será para alejar los demonios. Quizá de nuevo en la ciencia vuelva a existir ese tipo de revoluciones, donde un descubrimiento pueda comenzar a mover las fichas del dominó y haga caer las respuestas a las grandes dudas, revelando así la forma de una nueva obra de arte del rompecabezas de la física y por que no, un noviembre como este, quizá alguien en alguna parte del mundo esté atendiendo una cena familiar[26] y a la vez impaciente por corroborar el más grande de los descubrimientos.*

---

[22](1934-¿) Físico teórico estadounidense pioneros en el estudio de dispersión elástica profunda, y fue el primero (1982) en mencionar el fenómeno de enfriamiento de jets (jet quenching) en colisiones de iones pesados, una evidencia de QGP [119].

[23]26 de noviembre 1997 (4X5).

[24](1932-¿) Físico estadounidense premio Nobel en 1979 por la teoría electrodébil.

[25]Ellos decían que el número cuántico "charm" es violado en interacciones débiles, algo que se comprobó con el descubrimiento del $J/\Psi$.

[26]Bjorken relata: varios de los físicos probablemente recuerden donde estuvieron cuando escucharon por primera vez del $\Psi$. Es como la llegada a la luna, Pearl Harbor o el asesinato de Kennedy. Estaba en casa y era hora de la cena. Richter me llamó y dijo los parámetros básicos en el teléfono. El dijo 3 GeV. yo pregunté ¿por haz cierto?, el me dijo no, 3 GeV en el centro de masa. No pude creerlo. Regresé y me senté a terminar mi cena. Cuando terminé de comer, mi esposa se volvió hacia mí y me dijo en un tono de voz poco característico y bastante tranquilo: "Bj, es mejor que vayas al laboratorio ahora. Entonces, me fui [115].

## 7.1. QGP y la diosa Shri

Si una persona sin conocimientos de física de partículas me preguntara que es ese estado de la materia que le llaman QGP (plasma de quarks y gluones por sus siglas en inglés) yo le contestaría con la siguiente frase:
- El QGP es el "obvio-encriptado" donde jet[27] es lo que necesitas para desencriptarlo.
Obviamente eso causaría 2 impresiones, una es que no haya entendido nada y me diga "ha gracias" la otra es que se adentre en el tema preguntando "¿me puedes explicar con mayor detenimiento?"
Para la segunda opción continuaría con lo siguiente:
- Si mira toma cada una de las letras de las siglas QGP y adelantalas 2 veces, así la "Q", se convierte en "S", la "G" se convierte en "I" y la "P" se convierte en R", obteniendo la palabra SIR[28], la cual es una palabra del inglés que significa señor, también era utilizado para designar a nobles y/o caballeros incluso después de épocas del medioevo, pero tiene un origen aún más antiguo, que puede remontarse al II milenio A.C., en el Rig-Veda el texto más antiguo de la literatura de la India, la palabra proviene del sanscrito que significaba "lo que difunde luz, esplendor o belleza" [124], así también la palabra Sri o Shri[29] edificaba a una diosa, cuya identidad aún resulta compleja de esclarecer pues pudiera tratarse de una misma representada en 3 deidades aparentemente diferentes, la diosa Lakshmi esposa del diós Vishnú, la diosa Saraswati esposa del diós Brahma y la diosa Parvati esposa del diós Shiva, pero primero explicaré quienes eran Vishnú (el preservador o protector), Brahma (el creador) y Shiva (el destructor), osea la triada Hindú o el Trimurti (las 3 formas) [126, 127].

Según el Padma-purana[30], Vishnú (el preservador y protector cuando el mundo es tratado con maldad, caos o fuerzas destructivas) es el diós principal de la Trimurti; es decir, él es el creador, preservador y el destructor del Universo: ... cuando Vishnú[31] decidió crear el universo se dividió a sí mismo en tres partes. Para crear dio su parte derecha, dando lugar al diós Brahma (quien creo todas las formas en el universo pero no el universo primordial, se dice que es el aspecto creativo de Vishnú). Para preservarse dio su parte izquierda, originando a Vishnú (es decir, a sí mismo) y por último, para destruir se dividió nuevamente en dos partes, dando lugar a Shiva[32] [130],

---

[27]Jet es la octava letra del alfabeto hebreo, que corresponde a la letra H, pero a esto no nos referimos cuando hablamos de QGP, se explicará mas adelante a que nos referimos.

[28]Lo que pareciera ser que QGP fuera una especie de decrónimo de SIR.

[29]De la transliteración India [125].

[30]Uno de los 18 libros sagrados para los hinduistas [128].

[31]Quien se dice que soño el Universo en realidad [129].

[32]La historia cuenta que Shiva y Brahma se crean uno a otro cíclicamente en diferentes eones y reencarnando en algún avatar [131], si uno indaga en la historia pareciera que cada uno de estos dioses tienen sus particulares pero en sus generales parecen ser solo

(en sus aspectos feroces, a menudo se lo representa matando demonios ). Vemos esto como analogía del caso de los quarks en los protones pues estos están formados por 2 quarks tipo u y un quark tipo d y los cuales solo son detectados en estado confinado en algún hadrón[33] y con una analogía a los operadores matemáticos de creación y aniquilación de la mecánica cuántica.

Figura 7.2: El trimurti (Brahma, Vishnú y Shiva) una analogía a la estructura del protón que se forma por 3 quarks (2 quarks u y un quark d).

Bien ahora si podemos describir a sus esposas:

Sri Lakshmi esposa de Vishnú considerada diosa de la belleza, la gracia, la fertilidad y de la buena suerte, se representa generalmente junto a Vishnú sentada en una flor de loto, sosteniendo una de estas a cada costado, en posesión de cuatro brazos bendiciendo a los devotos y dejando caer monedas de oro de una de sus manos [135], en el Shri-sukta ("himno a la belleza") se menciona que Sri es la fortuna personificada el cual hace alusión a Lakshmi, sin embargo Laksmi en el Taittiríia-samjita, donde afirma que Laksmi y Sri son las dos esposas de Aditia, el diós del Sol y por lo tanto dos entes diferentes [134]. Se le adjudica ser la madre de Kama (deseo), el diós del amor, el sexo y la lujuria.

Sarasvati es la diosa del conocimiento, el arte y la cultura, es esposa (o hija, o ambas) del diós Brahma. Su belleza es tal que Brahmá tiene cuatro caras para poder verla desde todas las direcciones. El Sárasuati stuti (elogio

---

expresiones de un ser, como lo denota el siguiente verso Purana: "Vishnú no es mas que Shiva, y el que es llamado Shiva es identico con Vishnú" [132], o en frases de G. Flood: "Shiva es un diós de ambigüedad y paradojas" [133].

[33]Una partícula fundamental pero no elemental pues está formada por 2 o más quarks (partículas elementales).

a Sárasuati') declara que ella es la única diosa que es adorada por los tres grandes dioses del hinduismo (Brahmá, Vishnú y Shivá). Ella es la única diosa que es adorada por los devas (dioses menores), por los asuras (demonios), los gandharvas (los músicos celestiales) y por los nagas (los seres serpentinos divinos) [136]. La iconografía de la diosa Sárasuati la muestra como una hermosa mujer de piel clara, vestida con ropa blanca pura, sentada sobre un loto, al lado de un rio, con un cisne[34] o un pavo real[35]. No tiene una cantidad exagerada de adornos (como la diosa Laksmi[36]) sino que está vestida modestamente, Generalmente su iconografía la muestra con cuatro brazos, que representan los cuatro aspectos de la inteligencia humana, según el hinduismo: la mente, el intelecto, el estado de vigilia y el ego [137].

Parvati es esposa del diós Shiva y diosa de la fertilidad, el amor, la belleza, el matrimonio, los niños y la devoción. Simboliza el amor maternal [138]. En la iconografía, es personificada con cabello largo y perfectamente acomodado en una larga trenza adornada con muchas y diversas joyas, simbolizando así la fortuna material. Está vestida con un vestido sari de color rojo. En ocasiones se la representa con varios brazos. Para simbolizar su poder, está montada sobre un león, que le sirve de vehículo. Debido a la personificación materialista se le suele confundir con Lakashmi [139].

Figura 7.3: El Tridevi (a) Lakshmi, b) Sarasvati y c) Parvati) y el El trimurti (d) Brahma, e) Vishnú y f) Shiva).

---

[34]Su relación con el cisne y con la flor de loto también señala su origen más antiguo que el de otras diosas.

[35]El cual representa la arrogancia y el orgullo debido a la belleza personal.

[36]Aunque en las Leyes de Manu se la identifica con la diosa Lakshmi.

Esta triada de diosas es la versión femenina del Trimurti y se le conoce como el Tridevi. Todas estas tres formas se autoayudan para crear, mantener y regenerar el Universo. Algo de lo que pasa de manera similar con la antimateria, donde partículas y antipartículas ayudan a la creación, mantenimiento y regeneración del Universo, además así como las particulares formas del Trimurti o el Tridevi, los quarks y antiquarks tienen esas "particulares formas" que podriamos asociar con la carga de color (R,G,B) y los 3 anticolores (anti-R, anti-G, anti-B), además que estos quarks pueden existir libres en ese estado llamado plasma de quarks y gluones QGP, pero cuando se les intenta vislumbrar con sus particulares (tipo de quark, carga de color, spín, etc), no es posible de encontrarlos más que como por sus generalidades como parte de una unidad llamada el hadrón, así entonces el QGP es ese "obvio-encriptado", algo tan obvio como que debe haber un medio despues en ese estado en el que quarks y gluones se mantienen en ese estado de libertad, pero esta encriptado pues nadie puede verlo o saber de este al menos de forma directa, algo como el hecho de que cada uno de nosotros lleva dentro algo de estas "formas del Trimurti o el Tridevi", pero que a veces no siempre se manifiesta la misma forma que no lo hace ver tan obvio.

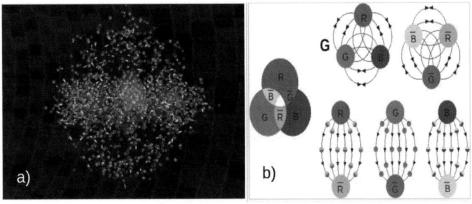

Figura 7.4: a) Plasma de quarks y gluones, b) cargas de color (R,G,B,anti-R,anti-G,anti-B) donde las líneas entre cada quark con alguna carga de color, representan un campo parecido al electromagnético llamado campo de color.

Interesante, pero ahora la pregunta sería y dentro de todo esto ¿donde aplicamos la palabra jet? Si te fijas Vishnú, Shiva, Brahma y Lakshmi llevan "h", mas no Saraswati ni Parvati, ver el efecto de las "h" nos dara idea del medio donde se obtuvo la información (español, inglés, etc). Para el caso de la física de partículas y el estudio del QGP, ver como actúan los jets[37] nos dan información de este medio donde los quarks se encuentran libres, puede haber regiones donde se produzcan jets y otros donde se supriman.

---

[37]Para el caso de la física de partículas, al hablar de jet o jets nos referimos al chorro o flujo de partículas colimadas provenientes de la hadronización (o unión) de quarks.

Bueno pero, ¿donde está el desencriptado?, bueno esa respuesta la puedes encontrar si aplicas el algoritmo pero en sentido inverso a la palabra JET.

# 8
# La belleza de su forma

> La vida, es una de las bellezas de las formas de este Universo y la belleza es la sombra de Diós sobre el Universo, así; la belleza de la vida no hace referencia a las partículas que la componen, sino a la forma en que estas se juntan.
>
> Héctor

*Xocolatl[1], Sueño y Recuerdo Sensorial.*

*Cierro los ojos y luego, tengo antojo de esos brownies,*
*con el apacible olor entre hierba y rosas multicolor,*
*con su delicioso sabor a barbecue que me hace volar,*
*con su acariciante textura de tela blanca celestial,*
*con el oscilante sonido del tequila seductor*
*y sobre todo con el deleitable y dulce color de tu ser, despierto*
*y mi gusto ávido se volatiliza con afán de volver.*[2]

La belleza es esa noción abstracta ligada a numerosos aspectos de la existencia humana, estudiada por los filósofos en la estética[3], más sin embargo

---

[1] Del nahuatl "xocolli" que significa cosa agría y "atl", que significa agua, así "Xocolatl" o chocolate significa agua agria.

[2] El poema no trata ni de chocolates ni de brownies, si no más bien del encuentro entre dos personas, (yo y mi encuentro inicial con Yetzelin), algo que solo se entender entre ellos, debido a la experiencia, que evoca un recuerdo tipo "trago amargo" debido a la volatilidad, mas no por el color que evoca el recuerdo. Así la belleza de la poesía reside en lo subjetivo y lo complejo, al contrario con la ciencia la belleza está en lo objetivo y simple, ambos son bellos pues expresan esa sombra que ocultan el misterio.

[3]

es utilizada tanto por artistas como científicos. Así vulgarmente es definida como la característica de una cosa que a través de la percepción[4] que procura una sensación de placer o un sentimiento de satisfacción[5]. Proviene de manifestaciones externas tales como la forma[6], el aspecto visual, el movimiento, el sonido, los sabores y olores, aunque también se le asocia a manifestaciones internas como una idea[7]. Esta constituye una experiencia subjetiva pues se dice que "la belleza está en el ojo del observador"[8], aunque también es dada desde su objetividad natural[9]. Platón decía la belleza terrenal es la materialización de la belleza como idea, y toda idea puede convertirse en belleza terrenal por medio de su representación [151]. Así también se caracteriza a una persona como bella, ya sea de forma individual o por consenso de la comunidad, a menudo basado en una combinación de belleza interior[10] y belleza exterior[11].

Como ejemplo el lector puede observar la imagen (sin leer la nota al pié de la misma) de la Figura 8.1 y puede opinar sobre la belleza de esta obra. Séa lo más crítico posible, y luego piense ¿por qué es o no es, una bella obra? ¿Qué impresión crees que el autor quízo darle a aquella persona que observara la obra?

Para algunos críticos del arte como por ejemplo el francés Charles Baudelaire mencionan que no existe la belleza eterna y absoluta, sino que cada concepto de lo bello tiene algo de eterno y algo de transitorio, algo de absoluto y algo de particular. La belleza viene de la pasión y, al tener cada individuo su pasión particular, también tiene su propio concepto de belleza. En su relación con el arte, la belleza expresa por un lado una idea eternamente subsistente, que sería el alma del arte, y por otro un componente relativo y circunstancial, que es el cuerpo del arte.

Algunos matemáticos por ejemplo hablan de una belleza matemática, algo que quizá rompe con cuestiones comunes de la belleza terrenal y que no tiene nada que ver con el aspecto visual, el movimiento, el sonido, los sabores

---

[4]Externa como una experiencia sensorial o interna como una experiencia mental

[5]Goethe dice que la belleza humana actúa con mucha mayor fuerza sobre sentidos interiores que sobre los externos, de modo que lo que él contempla está exento del mal y sienta en armonía con él y con el mundo [150].

[6]Simétrica o asimétrica.

[7]Platón realizó una abstracción del concepto y consideró la belleza una idea, de existencia independiente a la de las cosas bellas. Según la concepción platónica, la belleza en el mundo es visible por todos; no obstante, dicha belleza es tan solo una manifestación de la belleza verdadera, que reside en el alma y a la que solo podremos acceder si nos adentramos en su conocimiento.

[8]Martin, Gary (2007).

[9]Generalmente el sabor dulce es preferido al amargo porque el amargo casi siempre suele corresponder a tóxicos.

[10]La cual incluye los factores psicológicos tales como congruencia, elegancia, encanto, gracia, integridad, inteligencia y personalidad.

[11]Es decir, atractivo físico, que incluye factores físicos tales como juventud, medianidad, salud corporal, sensualidad y simetría.

Figura 8.1: "La visión de una mirada" (Acrílico 64.4 x. 39.8) Es una representación de esa visión q percibimos al entrar en la mirada de la persona: su pasado, presente y futuro. Las dimensiones son tales q la obra está dentro de un rectángulo áureo, y el dibujo se esboza por 3 espirales áureas levogiras, las espirales son construidas a partir de 3 rectángulos áureos de distintos tamaños construidos a partir del primer rectángulo áureo.

u olores; por ejemplo Bertrand Russell expresa la belleza matemática de la siguiente forma: "la matemática posee no solo verdad, sino también belleza suprema; una belleza fría y austera, como aquella de la escultura, sin apelación a ninguna parte de nuestra naturaleza débil, sin los adornos magníficos de la pintura o la música, pero sublime y pura, y capaz de una perfección severa como solo las mejores artes pueden presentar. El verdadero espíritu del deleite, de exaltación, el sentido de ser más grande que el hombre, que es el criterio con el cual se mide la más alta excelencia, puede ser encontrado en la matemática tan seguramente como en la poesía" [152].

Dentro de la expresión de la belleza por su forma, tenemos a pensadores como Leonardo Da Vinci, quién tenía la idea de que las formas de la naturaleza [153], incluyendo las especies animales, contenían la justa proporción de la belleza, es por eso que en las obras de Miguel Ángel, Durero y Da Vinci, aparece el número áureo[12], en las relaciones entre altura y ancho de los objetos[13].

---

[12]El número áureo (también llamado número de oro, razón áurea, razón dorada, media áurea, proporción áurea y divina proporción) es un número irracional $\varphi = \frac{1+\sqrt{5}}{2} \approx 1,6180...$, estudiado primeramente por Euclides (300 a.C al 265 a.C) [154], y el cual aparece en la naturaleza [155, 156], la geometría, la teoría de números, el arte, la música [157] y la cultura, entre otras áreas.

[13]Excluyendo el hombre de Vitruvio el cual sigue estrictamente las proporciones fraccionarias del cuerpo humano que Vitruvio describe en su libro De architectura.

## 8.1. La forma de los eventos, simetría vs asimetría

Los pitagóricos fijaron el término de la belleza por aquellas formas que además de poseer proporción, mantenían alguna simetría[14] como parte del arte estético, pero el siglo XX nos ha mostrado que el arte antiestético como el descrito por Hal Foster [158], también puede ser bello[15]. Así entonces en términos de simetría (como lo estético) y asimetrías (como lo antiestético) pensemos en un caso particular, por ejemplo al colisionar dos partículas que poseen la misma energía. Por principio de conservación, uno espera que los productos finales muestren cierta simetría, y un evento simétrico puede poseer una belleza visual, sin embargo si pensamos por ejemplo que alguna de las trazas de las partículas no fue reconstruida por el detector, supongamos el caso del paso de un neutrino, o una partícula neutra como el fotón o un bosón de Higgs, lo cual visualmente nos daría una asimetría en la forma del evento; y cuya asimetría visual posee también tanta belleza de admirar ya que puede esconder el secreto más grande de la física del momento (véase Figura 8.2 a)). Generalmente los físicos teóricos buscan esa bella teoría por simetrías, aunque los físicos experimentales buscan esas asimetrías que evidencian la belleza del Universo.

Unas de las observables que se miden en los eventos de colisiones de partículas son las llamadas formas de los eventos[16] [141, 142], por ejemplo en los últimos años, una de las formas de los eventos que ha sido mi objeto de estudio para entender los efectos de los jets en la física de iones pesados, es la variable denominada esferocidad [143, 144, 145, 146, 147], la cual nos dice que tanto una distribución de partículas cargadas originadas del proceso de colisión se parece a una distribución isotrópica[17], o si esta distribución se parece a una estructura de tipo dijet[18], esta variable fué utilizada en 1979 para encontrar el gluón[19] (Figura 8.2 b)), éstas formas de los eventos nos dán mucha información física de lo que ocurre en los procesos de colisión de partículas subatómicas.

Pero ¿qué tiene que ver esto de la belleza con los primeros fuegos artificiales?

Bueno, cada fuego artificial al explotar, tiene una forma única y lo mara-

---

[14]Observado en varias construcciones de la Acrópolis de Atenas, como el Partenón.

[15]Lo horrendo, grotesco y desconcertante, lo atrozmente impactante, también puede ser bello. La representación de una tortura o de un suplicio inhumano ¿puede ser bella? (Laocoonte). ¿Se puede obtener placer, incluso goce sexual del dolor ajeno o incluso del propio? Marqués de Sade, Leopold von Sacher-Masoch.

[16]Las cuales describen la distribución de la energía en un evento despues de la colisión, estudiando la distribución de momentos de cada una de las partículas reconstruidas por los detectores.

[17]Que guarda una simetría espacial.

[18]Proveniente de un proceso de producción simétrico de alto momento.

[19]En 1979 encontraron el gluon buscando un evento tipo Mercedes (un evento con tres partículas distribuidas isotrópicamente) [149].

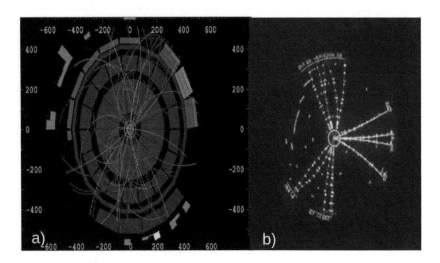

Figura 8.2: a) Visualización las trayectorias de las partículas despues de un evento de colisión, en azul se observa un antideuterón (experimento ALICE-CERN) b) Evento isotrópico tipo mercedes, con el cual descubrieron en 1979 el gluón en el experimento DESY en Alemania.

villoso es que solo ocurre una vez en su vida, claro, puede haber más fuegos artificiales que exploten con una forma similar a aquel evento, pero muy dificilmente será igual, ahora imagina eso mismo con los fuegos artificiales que ocurren en aquel "little bang" (mencionado en el capítulo 5), para su producción es necesario una cantidad suficiente de desarrollo tecnológico, una gran inversión económica y unos miles de científicos para poder obtener tan solo unas cuantas "selfies" de esas explosiones, que intentan replicar aquellos primeros fuegos artificiales; y una vez que logras capturar aquel primer fotograma, lo único que piensas al verlo es aquel evento único de aquel instante del Universo, imaginas aquellas espirales aureas, o como el escritor inglés Theodore Andrea Cook llamaba, las curvas de la vida [153], al ver la curvatura que dejan la traza de cada partícula después de la colisión. Pero esto no queda solo ahí, en la forma de la curvatura, si no también en aque- llas formas que denotan una geometría oculta [159] que puede ser revelada estudiando estadísticamente las "formas de los eventos", y las cuales dán in- formación no sólo de los procesos físicos iniciales, si no también del proceso de formación de los estados finales, de los primeros hadrones, algo que se denomina como hadronización. Así la belleza de su forma no solo reside en las partículas que la componen, sino a la forma en que estas se juntan al hadronizar. En términos platónicos la belleza de su forma está en la belleza verdadera, que reside en el alma y a la que solo podremos acceder si nos adentramos en su conocimiento.

# 9

# Una interacción fuerte, ¿Como el amor?

> El amor es un secreto que los ojos no saben ocultar
>
> Tomado de Erick Fromm [160]

... -*Tener fé significa creer en algo que no puedes asegurar que sea real y justo ahora me enfrento a ese dilema*
-*¿No vas a creer en Diós nunca más?*
-*Es algo que no te debe preocupar, yo sola tengo que descubrirlo.*
-*Puedo ayudarte, tal vez te ofrezca otra perspectiva.*
-*No lo creo mi amor.*
-*¿Sabias que si la gravedad fuera un poco mayor el universo se colapsaría en una pelota?*
-*No lo sabía.*
-*Y también si la fuerza de gravedad fuera un poco menor el universo se desplazaría y no habría estrellas ni planetas.*
-*¿A donde vas con todo esto?*
-*Es solo que la gravedad tiene la fuerza precisa que debería tener justamente, y si la razón entre la fuerza electromagnética y la fuerza nuclear no fuera del 1%, no existiría la vida, ¿Qué tan probable es que eso pase por si mismo?*
-*¿Por qué tratas de convencerme que crea en Diós? Tú no crees en Diós.*
-*No, pero la precisión del universo al menos hace logico concluir que al menos hay un creador.*
-*Mi amor aprecio lo que intentas hacer. Pero la lógica esta aquí en la mente y mi problema esta acá en el corazón.*
-*Bueno, de 5 millones de personas tú eres la mamá perfecta para mí. ¿Crees que solo fue suerte?*
(*El amor entre madre e hijo*).

En el Universo se conoce que existen 4 fuerzas o interacciones[1] fundamentales [161]: la gravitacional, la electromagnética, la fuerte y la débil, (véase imagen 9.1) cada una comprobada experimentalmente por los más rigurosos experimentos de los físicos.

La interacción de gravedad[2] producida por objetos masivos como los planetas, esta es tan débil a escalas nucleares que es despreciable en los experimentos con partículas. Las interacciones electromagnéticas[3] tienen lugar entre partículas cargadas, actuando tanto en cuerpos en reposo respecto al observador, como en movimiento[4]. Las interacciones débiles[5] son responsables de la desintegración beta y en general decaimientos de partículas. La interacción fuerte[6] mantiene los núcleos atómicos unidos, la interacción de los nucleones con los mesones pi y la producción de partículas extrañas.

La interacción fuerte responsable de mantener unidos a la estructura de hadrones como el protón, es descrita por el potencial de Yukawa[7], el cual dice que si bien puede asociarse a la acción de las fuerzas nucleares, adolece de dos defectos [164]. El primer efecto fue analizado y resuelto inicialmente por Jastrow (1951). Para ello estudió las interacciones neutrón-protón y protón-

---

[1] Una Interacción no es lo mismo que una fuerza dado que a la palabra "interacción" se le asigna un significado más amplio incluyendo los decaimientos que afectan a una partícula dada. A pesar que los dos términos son usados a menudo como si fueran intercambiables, los físicos prefieren la palabra "interacciones".

[2] Isaac Newton en su Principia de 1678 describió la fuerza gravitatoria como la responsable de que un objeto con masa sea atraído por otro objeto masivo, para la escala del protón su magnitud es insignificante del orden de $10^{-36}$.

[3] Por otro lado, antes del siglo XIX, varios científicos como Gray, Priestley, Coulomb y Volta habían ya descrito casi en su totalidad el fenómeno eléctrico. En 1820, Orsted fue el primero en descubrir perturbaciones magnéticas cercanas a corrientes eléctricas. A partir de este descubrimiento los experimentos no cesaron hasta que finalmente Maxwell en 1861 fue el primero en derivar una ecuación de onda electromagnética. A escalas del protón su magnitud es de orden 1.

[4] La primera es electrostática y la segunda produce la interacción magnética

[5] Con el desarrollo de la física nuclear se descubrieron dos tipos más de fuerzas a las que no se las podía incluir en las dos existentes, la fuerza nuclear fuerte y la fuerza nuclear débil. Con el modelo estándar se encontró a las partículas portadoras de dichas fuerzas, los bosones W y Z los cuales causan la desintegración beta. En 1960, Glashow, Salam y Weinberg postularon que la fuerza nuclear débil podía unificarse a la electromagnética en una sola interacción electrodébil [162]. Estas dos interacciones a bajas energías parecen dos diferentes tipos de interacciones pero a temperaturas tan altas como las del Big Bang éstas corresponden a una sola. La interacción es considerada débil ya que a escalas del protón su magnitud es del orden de $10^{-7}$.

[6] David Politzer, Frank Wilczek y David Gross en la década de 1980 [163] proponen a los gluones como los bosones responsables de dicha interacción, los cuales mantendran unidos a los quarks, se dice que es una interacción fuerte debida a que a la escala del protón su magnitud es del orden de $10^2$. Se espera que las tres interacciones cuánticas puedan unificarse en una interacción electronuclear.

[7] $V = -\frac{g_s}{4\pi r} e^{-\frac{mrc}{\hbar}}$ donde $g$ es la constante de acoplamiento que da la intensidad de la fuerza efectiva, $m$ es la masa del pión intercambiado, $c$ y $h$ son la velocidad de la luz y la constante de Planck. El potencial es negativo, denotando que la fuerza resultante es atractiva.

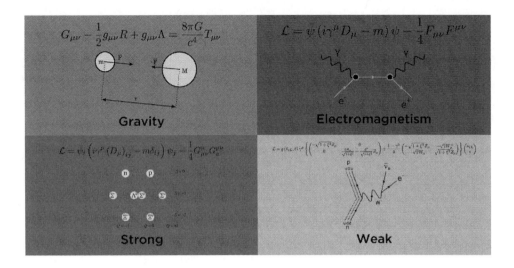

Figura 9.1: Densidad de energía de la interacción a) Gravitacional, b) Electromagnética c) Débil y d) Fuerte.

protón que impactaban en el margen de las altas energías. Si en aras de una simplificación expositiva se prescinde de algunas consideraciones cuánticas, se puede manifestar que llegó a la conclusión de la existencia de una fuerza repulsiva que surge a partir de un radio algo inferior al radio asociado al nucleón. La fuerza repulsiva crece muy fuertemente al disminuir la distancia entre los dos nucleones en interacción. Este radio inferior determina la existencia de un núcleo esférico impenetrable que protege la integridad del nucleón, el llamado "núcleo duro" (véase Figura 9.2, líneas rojas). El segundo efecto, o sea la existencia de una fuerza de interacción electromagnética surge por la existencia de las cargas positivas del núcleo que será de natu- raleza repulsiva entre ellos, también llamada potencial de Coulomb (véase Figura 9.2 líneas verdes). Esta última, por tanto, se manifestará exclusivamente entre los protones pero no entre los neutrones o entre las parejas neutrón y protón. La energía potencial correspondiente a la interacción electromagnética entre dos protones situados a la distancia $r$, y se incorporará a las contribuciones de la proporcionada por las fuerzas nucleares atractivas y al término repulsivo de Jastrow, para componer la expresión completa de la energía potencial que surge, en general, al estudiar la interacción entre los nucleones. En el caso, pues, de la interacción protón-protón, la energía potencial del proceso será la superposición de tres componentes de energía potencial, la debida a las fuerzas nucleares (véase Figura 9.2 líneas azules), la correspondiente al "núcleo duro" y la debida a la repulsión electrostática.

Así las interacciones nucleares presentan dos propiedades interesantes, el confinamiento de color y la libertad asintótica [163]. El confinamiento de color nos dice que los quarks dentro de un protón se encontrarán dentro

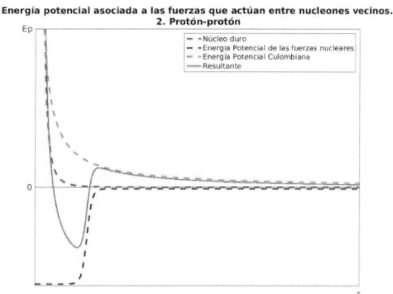

Figura 9.2: Energía potencial (Ep) versus distancia (r) para: núcleo duro (en rojo), fuerzas nucleares (azúl), Coulombiana (verde), de Yukawa (magenta).

del radio de este (alrededor de 1 femtómetro) unidos por las cargas de color y por lo cual será difícil de romper un protón a menos que se choquen a muy altas energías. Por otro lado la libertad asintótica nos dice que a pesar de que los quarks esten dentro de un núcleo, estos son libres asintóticamente.

## 9.1. Amor y Ciencia, pasiones del alma

*Una vez por el año 2015 conocí a una bella mujer rumana la cual tenía un hijo, lo más loco que hice fue llevarla a comer a un lugar llamado "La Trappe", ubicado en un lugar que hacia alusión a Simonde de Sismondi[8] un lugar donde prepararon una exquisita pasta la cual probé mediante el giro de un tenedor sobre una cuchara, una técnica que ella me mostró lo cual metafóricamente denotaba la actividad de los alrededores, aprendí un conocimiento que no se aprende más que con la experiencia, fue lo único que preservé de ella al pasar del tiempo, fué lo más cerca que estuve de tener una relación con alguien con hijos, juré no enamorarme de alguien así, pero nadie sabe que es el amor, o donde se lo encontrará, quizá pudiera ser como aquel restaurante, un lugar misterioso con una mujer y un letrero que dice "la trampa".*

*¿Pero qué es el amor y qué tiene que ver con la ciencia? Bueno lo único*

---

[8]Escritor, economista e historiador suizo, denotado por Lenin y Marx como socialista romántico.

*que hasta ahora sé, es que hay dos vertientes, en el amor como la ciencia, puede ser solo una palabra tras la cual nos escondemos, manipulamos o excusamos, o puede ser la palabra cuya búsqueda nos conduce a afirmaciones irrefutables. Todos creen saber que es, pero nadie nace sabiendo como se hace y es a base de prueba y error que uno lo va descubriendo. Por el camino del amor como en la ciencia puede haber egoísmo, envidia, celos y discusiones. El amor como la ciencia puede ser repetitivo, aburrido o cansado, pero también puede ser apasionado, intenso, y satisfactorio. ambos pueden ser falsificados, prostituidos, o esclavizados, más sin embargo, se busca que sea real, incorruptible y libre. En el amor como en la ciencia puedes tener fé, pero la duda siempre estará presente, ambos se refutan o se confirman, teoría vs experimento. El amor y la ciencia es un secreto que los "observadores" no saben ocultar.*

Si el amor[9] ese concepto universal relativo a la afinidad entre seres, definido de diversas formas según las diferentes ideologías y puntos de vista (artístico, científico, filosófico o religioso) [160] fuese comparado con algún tipo de interacción física, debería a primera aproximación ser modelado como la interacción nuclear fuerte. Pero bueno, esto no significaría que el amor es la fuerza más fuerte de este Universo.

*... Es mediados del 2020, me siento atrapado, aunque soy libre, soy como ese quark dentro del protón; solo, no de esa soledad en la que no tienes amigos o familiares, si no una soledad de incompletitud más interna, de aquella que necesita aliviar el alma, y sentirse abrazado después de haber dado todo con tanta pasión, de pronto ella me viene a la mente y le hablo diciendo: a veces quisiera hablar de algo con alguien y creo que tú serías la que quizá pudiera entender lo que digo, pero luego creo que te reirías de mi locura. Te veo en todos lados, en el presente pasado y futuro, en los sueños, divagaciones y déjà vus; pero en ningún caso me respondes y tan solo mi mente te piensa como la amiga y la amante con la que quiero hablar mil temas, reir y llorar mil veces, pero no es más que solo mi mente y corazón frente al espejo con el reflejo de la sombra, con tu forma, como un pequeño susurro del anhelo.*

*Amor, mantén vivo el recuerdo y deja que el tiempo me regrese a ti, a aquella época donde mi cielo se tiñe cobrizo y violeta, ese precioso instante en el que cae el sol y la noche me invita a amarte con pasión.*

---

[9]Cuya palabra abarca una gran cantidad de sentimientos diferentes, desde el deseo pasional y la intimidad del amor romántico, hasta la proximidad emocional asexual del amor familiar y el amor platónico, así como también la profunda devoción o unidad del amor religioso. En este último terreno, trasciende del sentimiento y pasa a considerarse la manifestación de un estado del alma o de la mente, identificada en algunas religiones con Diós mismo o con la fuerza que mantiene unido el Universo.

# 10

# La disimilitud el camino a la comprensión

> Si tú piensas que la ciencia es cierta, bueno eso es solo un error de tu parte.
> Pienso que es más interesante vivir no sabiendo a tener respuestas que podrían estar equivocadas
>
> Richard P. Feynman

*... Pero regresemos con mi reflección sobre mi pasión ¿Quién osaría en hacernos coincidir en el espacio y el tiempo? Las disimilitudes[1] eran muy marcadas entre ella y yo tanto en tiempo como en espacio, una que otra similitud sin gran importancia y a pesar de esto, había una especie de correlación en nuestras vidas, algo que dada mi forma de pensar podría hacer que todo encajase, como en una pieza de rompecabezas del espacio y el tiempo, ¿podría esto comprenderse?, ¿podría esto pasar las duras pruebas del método científico?*

El método científico es la metodología para obtener conocimientos, algo muy caracteristico de la ciencia. Este consiste en la observación sistemática, la medición, la experimentación y la formulación, análisis y modificación de hipótesis. Algunos tipos de técnicas o metodologías utilizadas son la deducción, la inducción, la abducción y la predicción [181]. El método científico tiene algunas características como son la falsabilidad, la reproducibilidad y la repetibilidad de los resultados[2] corroborada una publicación en una revi-

---

[1] Del latín "dissimilitudo", cualidad por la cual algo o alguien se distingue o diferencía.

[2] No todas las ciencias tienen los mismos requisitos. La experimentacion, no es poasible en ciencias como la física teórica. El requisito de reproducibilidad y repetibilidad funda-

sión por pares. A continuación describimos a detalle estas características.

La observación es la adquisición de información a partir del sentido de la vista, donde se detecta y asimila los rasgos de un elemento utilizando sus sentidos como instrumento principal.

La experimentación, consiste en el estudio de un fenómeno, reproducido generalmente en un laboratorio, en las condiciones particulares de estudio que interesan, eliminando o introduciendo aquellas variables que puedan influir en él. Estas variables son todo aquello que tenga características propias y distintivas que sean susceptibles al cambio a la modificación[3] [182].

La medición es un proceso básico de la ciencia que se basa en comparar una unidad de medida seleccionada con el objeto p fenómeno cuya magnitud física se desea medir [183].

La hipótesis[4] es una conjetura científica que requiere una contrastación con la experimentación [184]. Así una hipótesis científica es una proposición aceptable que ha sido formulada a través de la recolección de información y datos, aunque no esté confirmada pero sirve para responder de forma alternativa a un problema con base científica.

La falsabilidad o refutabilidad en la filosofía de la ciencia, es la capacidad de una teoría o hipótesis de ser sometida a potenciales pruebas que la contradigan. Además de esta característica, la reproducibilidad es el otro de los pilares del método científico.

La reproducibilidad y la repetibilidad es la capacidad de un experimento de ser reproducido o replicado por otros, en particular, por la comunidad científica. Aunque existen diferencias conceptuales según la disciplina científica, en muchas disciplinas, sobre todo aquellas que implican el uso de estadística y procesos computacionales. Un estudio es reproducible si es posible recrear todos los resultados a partir de los datos originales y el código informático empleado para los análisis. Por el contrario la repetibilidad se refiere a la posibilidad de obtener resultados consistentes al replicar un estudio con un conjunto distinto de datos, pero obtenidos siguiendo el mismo diseño experimental [185].

La revisión por pares es la evaluación del trabajo realizado por una o más personas con competencias similares a las de los productores del trabajo. Funciona como una forma de autorregulación de miembros calificados de una profesión dentro del campo relevante. En el ámbito académico, la revisión por pares a menudo se usa para determinar la idoneidad de un artículo

---

mental en muchas ciencias, en algunas no se aplica, como las ciencias humanas y sociales, pues los fenómenos no solo no se pueden repetir controlada y artificialmente, si no que son por su esencia, irrepetibles como por ejemplo en la historia.

[3]La ciencia mide una variable dependiente, un efecto y debe ser explicado en virtud de las variables independientes. Para esto, en la experimentacion, se modifican las variables independientes y se mide el cambio en la variables dependientes.

[4]Palabra que proviene del griego hipo (subordinación o por debajo) y tesis (conclusión sostenida con un razonamiento).

académico para su publicación y así este texto científico, es uno de los últimos pasos de cualquier investigación científica, previo al debate externo[5].

*... Y bueno uno de los misterios de la ciencia a descifrar durante mi viaje, fué el entender mediante los modelos de simulación y sus teorías internas, como hadronizan las partículas (o como se forman esos estados compuestos llamados hadrones) de acuerdo a la forma de los eventos de colisión, ya que había resultados previos donde los modelos presentaban una disimilitud que no explicaba el comportamiento característico para los jets [148], y lo único que pude entender de las simulaciones, fue para procesos de colisión electrón-positrón [147], algo que conjunto a los resultados de colisiones protón protón tenía que ser publicado, pero aún tenía más y más dudas...*

## 10.1. La eterna duda, el rol del azar y las matemáticas

*... Y si siempre le contaba mis ideas locas, hablabamos de temas sobre viajes en el tiempo, reencarnación, física de partículas, experimentos, etc., todo sin ninguna ecuación de por medio que la asustara o la aburriera. Quizá nunca me entendía, o quizá sí, pero era algo que me motivaba y algo en que se entretenía ella hasta para inspirarse a hacer el chiste más simpático, supongo que siempre dudó de mí.*

El famoso físico del siglo XX, Richard Feynman (ver Figura 10.1) decía que [186]: "Si esperas que la ciencia te diera todas las respuestas a las maravillosas preguntas sobre quienes somos, a donde vamos, el significado del Universo y todo eso, entonces creo que es fácil desilucionarse e ir a buscar alguna respuesta mística para esos problemas. ¿Cómo un científico puede adoptar una respuesta mística? no lo sé, por que todo el punto es entender, bueno eso no importa, como sea, yo no lo puedo entender ... pero de cualquier modo ... si piensas en ello con cuidado ... lo que creo que estamos haciendo es, explorar, estamos tratando de descubrir tanto como podamos sobre el mundo. La gente me pregunta, ¿estás buscando las leyes útimas de la física?, y yo respondo, no, no lo hago. Sólo estoy tratando de descubrir más sobre el mundo. Y si resulta que hay una simple y última ley que lo explica todo, que así sea. Ese sería un grandioso descubrimiento. Si resulta que es como una cebolla, con millones de capas hasta enfermarnos y cansarnos

---

[5]Historicamente comenzaron con cartas personales entre los científicos, luego fueron libros y publicaciones periódicas como anuarios o revistas científicas, actualmente hoy el internet ha permitido las publicaciones de tipo online, si la investigación es de gran trascendencia, también se utilizan los medios de difusión masiva y las ruedas de prensa, aunque se considera poco respetable hacerlo antes de haberlo comunicado a la comunidad científica.

de seguir mirando a las capas, ¡entonces así es! Pero sea lo que sea, así es la naturaleza, ella está allí, y se va a revelar del modo que ella es". Con esto él expresaba que el Universo se revelará tal cual es y puede que la ciencia no tenga las respuestas, pero el trabajo de un científico es ese, descubrir el mundo, y no es malo dudar, al contrario es mejor dudar y preguntar que tener una respuesta que pudiera estar equivocada, tal como expresa en con la siguiente frase: "Y uno con una visión científica o con la visión de mi padre de que debemos indagar que cosa es verdad y que puede no ser verdad, una ves que empiezas a dudar... que yo creo, para mí, es una parte fundamental de mi alma, el dudar, preguntar ... cuando empiezas a dudar y preguntar se vuelve un poco más complicado creer. Mira una cosa es que yo pueda vivir con duda e incertidumbre y sin saber. Creo que es mucho más interesante vivir sin saber que tener respuestas que pudieran estar equivocadas. Tengo respuestas aproximadas y posibles creencias y diferentes niveles de certeza sobre diferentes cosas, pero no estoy absolutamente seguro de nada, y luego hay muchas cosas sobre las que tampoco se nada, como si tiene sentido preguntar, ¿por qué estamos aquí?, y lo que esa pregunta podría significar. Podría pensar sobre ello un rato, y luego si no lo puedo resolver me voy entonces a otra cosa."

Figura 10.1: (izquierda) El físico Richard Feynman (1918-1988), (derecha) el matemático George Polya (1887-1985).

Por otro lado un dato curioso es que un punto entre el 33 % y el 50 % de todos los decubrimientos científicos se encuentra que almenos un descubrimiento científico ha sido hallado por casualidad. Lo cual explica porqué con frecuencia los científicos dicen que tuvieron suerte[6].

---

[6]Louis Pasteur se le acredita la famosa frase "La suerte está a favor de la mente prepa-

El método científico como en las matemáticas, se puede distinguir con claridad lo que es conocido de lo que es desconocido en cada etapa del descubrimiento. Los modelos matemáticos como científicos, necesitan ser internamente consistentes, y así también deben ser refutables. En las matemáticas, si una afirmación no es demostrada, entonces se denomina conjetura[7], si esta se demuestra, entonces pasa a ser un teorema[8].

Apesar de existir esta relación entre las matemáticas y el método cientifico, la realidad de la naturaleza es aún mucho más compleja, mas sin embargo su efectividad es muy buena como expresaba el físico nobel Eugene Wigner[9]. Así también en el trabajo de George Pólya (ver Figura 10.1) sobre la resolución de problemas, la construcción de pruebas matemáticas y la heurística
[188] demuestran que el método matemático y el científico difieren en detalles, según Pólya el método científico tiene 4 pasos: caracterización por experiencia y observación, desarrollo de hipótesis, predicción científica y experimentación; mientras que el método matemático se caracteriza por estos 4 pasos: comprensión, análisis, síntesis, revisión y generalización. Aún así de todas formas hacen parecerse entre ellos al usar pasos iterativos y repetitivos. Bueno para finalizar este capítulo, solo me gustaría dejar una frase que pueden aplicar para cualquier descubrimiento o problema a resolver. Polya decía que es mejor resolver un problema de cinco formas diferentes, a resolver 5 problemas de una sola forma, así, si no puedes resolver un problema, entonces hay una manera más sencilla de resolverlo y que puedes encontrar.

*... Me agradaba su compañía, una vez cuando la visité ella traía puesto un vestido blanco, que posteriormente lo cambió por negro, la música sonaba mientras ella se acercaba a mi, yo completamente bañado como era usual, pero de camisa, pantalón de vestir planchado y zapatos bien boleados, bien envuelto como si me entregase como regalo nuevo, ese día, lo recuerdo más que cualquier otro, ese día le regalé un par de libros de entre ellos uno que me dijo que le interesó, uno llamado "El azaroso arte del engaño" [180], ese día hablé, reí, besé y amé con todo lo que pude, como si atase con correas todos los cabos sueltos de mi vida, le revelé la marca del dragón, su significado, le mostré mi talón de aquiles y todo lo cual me llevó hasta ella y mi peculiar admiración por ella, lloré sobre sus brazos y ella me consoló, ella me dijo que debía pensar sobre el futuro, nunca supe si se refería al suyo o al mío, yo en tono de broma y para no incomodar le dije: yo seré Nobel y tu ocuparás un cargo importante como el presidente o algún cargo en la ONU, ella se rió y yo también.*

---

rada", o la famosa frase de Arquímides "Eureka" al encontrar la solución para determinar el peso exacto para la corona de oro del rey.

[7]Por ejemplo la conjetura de Goldbach, un problema abierto desde 1742, la cual dice que: todo número par mayor que 2 se puede escribir como la suma de 2 números primos.

[8]El Teorema de Fermat, tardó más de 300 años hasta 1993 en ser demostado.

[9]"La irrazonable efectividad de las matemáticas en las ciencias naturales" [187].

# 11
# La entropía, volante del tiempo y el 2020

> La irreversibilidad del tiempo es el mecanismo que pone orden en el caos
>
> Ilya Prigogine

*... tiempo después, el financiamiento se terminó, como el mismo contrato, y la discontinuidad entró en acción, lo que había planeado para un segundo año de continuidad de repente se desvaneció, en una especie de proceso irreversible y con causa oficial desconocida, era la entropía quien tomaba ahora la dirección del volante, pareciera ser que no le gustaba la manera de como podía jugar con el tiempo.*

*... pero no podría terminar así, yo me negaba a rendirme, y llevé a cabo cada uno de mis planes de contingencia que, dada mi ingenuidad; no funcionaron por mucho tiempo, pero bueno eso me dejó mucho que aprender y no solo de la parte mental si no de la parte humana, del ser y de lo que se hace para subsistir, conocí y aprendí mucho de todo y de todos, sucede que conocí mucha gente, desde gente que mueve grandes sumas de dinero, dealers de todo tipo, tatuadores, comerciantes, mesero(a)s, bailarinas, artistas, barrenderos, hasta gente sin oficio ni beneficio, y por que no, hasta mi propio antagonista de ese día tan aleatorio y cuya personalidad pareciera conocida aunque su identidad aún me resulta desconocida hasta la fecha ...*

En termodinámica, la entropía[1] (simbolizada como S) es una magnitud

---
[1] La palabra entropía procede del griego que significa evolución o transformacion. Fué Rudolf Clausius quien en 1850 le dió nombre y la desarrolló [189]; ademas Ludwig Boltzmann, fué quien encontró en 1887 la manera de expresar matemáticamente este concepto, desde el punto de vista de la probabilidad.

física para un sistema termodinámico en equilibrio, esta cantidad mide el grado de organización del sistema[2].

La entropía es una función de estado de carácter extensivo y su valor, en un sistema aislado, crece en el transcurso de un proceso que se da de forma natural. La entropía describe lo irreversible de los sistemas termodinámicos.

Cuando uno se plantea la pregunta de ¿Por qué en la naturaleza ocurren los sucesos de una manera determinada y no de otra manera?, siempre se busca una respuesta que indique cuál es el sentido de los sucesos. Por ejemplo, si se pone en contacto dos líquidos con distintas temperaturas, se anticipa que al final, el líquido caliente se enfriará, y el líquido frío se calentará, finalizando en un equilibrio térmico. El proceso inverso es muy improbable que se presente, a pesar de conservar la energía. El universo siempre tiende a distribuir la energía uniformemente maximizando la entropía.

La función entropía es central para el segundo principio de la termodinámica[3], el cual establece que: la cantidad de entropía del universo tiende a incrementarse en el tiempo.

La entropía puede interpretarse como una medida de la distribución aleatoria del sistema. Se dice que en un sistema altamente distribuido al azar, éste tiene alta entropía. Un sistema en una condición improbable tendrá una tendencia natural a reorganizarse a una condición más probable (similar a una distribución al azar.), ésta reorganización dará como resultado un aumento de la entropía. La entropía alcanzará un máximo cuando el sistema se acerque al equilibrio, y entonces se alcanzará la configuración de mayor probabilidad.

Cuando la energía es degradada, dijo Boltzmann, se debe a que los átomos asumen un estado más desordenado. Y la entropía es un parámetro del desorden[4]. Por extraño que parezca, se puede crear una medida para el desorden; definiéndola como la probabilidad de que un estado particular, definido aquí como el número de formas en que se puede armar a partir de sus átomos[5] [190] (véase Figura 11.2 a).

Así coloquialmente, suele considerarse que la entropía es el desorden de un sistema, es decir, su grado de homogeneidad. Un ejemplo doméstico sería el de lanzar un vaso de cristal al suelo, este tenderá a romperse y a esparcirse, mientras que jamás será posible que, lanzando trozos de cristal, se construya un vaso por si solo. Como se demuestra en el segundo principio de la termodinámica, de los dos únicos sentidos en que puede evolucionar un

---

[2]También se dice que mide el número de microestados compatibles con el macroestado de equilibrio, o que es la razón de un incremento entre energía interna frente a un incremento de temperatura del sistema.

[3]Fué enunciado por primera vez por Sadi Carnot (1824) y por divesas generalizaciones y formulaciones sucesivas por Clapeyron (1834), Clausius (1850), Lord Kelvin, Ludwig Boltzmann (1890-1900) y Max Planck.

[4]Concepcción profunda surgida a partir de la interpretacion de Boltzmann.

[5]En términos de la ecuación de Boltzmann $S = kln\Omega$, donde $S$ es la entropía, $k$ la constante de Boltzmann y $\Omega$ es el número de microestados.

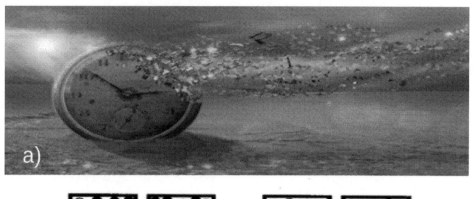

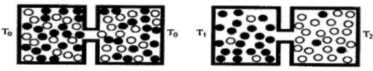

Figura 11.1: a) La entropía en un reloj que se desintegra, indicando de manera subjetiva que la flecha del tiempo es dada por la evolución a ese estado de átomos desordenados, b) Fenómeno conocido como antidifusión.

sistema el espontáneo es el que corresponde al estado del Universo con una igual o mayor entropía. Se entiende así que la entropía del Universo tiene un único sentido, el cual es creciente.

El tiempo pasa y la entropía crece hasta alcanzar el punto de máxima entropía del Universo, el equilibrio termodinámico. Como cuestión filosófica y como cuestión científica este concepto recae inevitablemente en la paradoja del origen del Universo[6]. Si el tiempo llevara pasando infinitamente, la entropía del Universo no tendría sentido, siendo esta un concepto finito creciente en el tiempo y el tiempo un concepto infinito y eterno.

A pesar de la identificación entre la entropía y el desorden, hay muchas transiciones de fase en la que emerge una fase ordenada y al mismo tiempo, la entropía aumenta, por ejemplo cuando agitamos naranjas en un cesto, estas se ordenan de forma espontánea. De estos casos se deduce el concepto de fuerza entrópica o interacción, muy útil en la ciencia de polímeros o ciencia coloidal [191].

De acuerdo con Ilya Prigogine, galardonado con el Premio Nobel de Química en 1977, la producción de entropía contiene siempre dos elemen-

---

[6] Alan Lightman un astrofísico americano reconoció que a los científicos les parece un misterio el echo de que el Universo fuera creado con un elevado grado de orden. Además el agrega que cualquier teoría cosmológica viable debería explicar en última instancia esta contradicción de la entropía, es decir que el universo no se halle en un estado caótico [192].

tos dialécticos: un elemento creador de desorden, pero también un elemento creador de orden. Y los dos están siempre ligados[7].

*Pareciera que al final, la belleza de la forma en que las partículas del Universo se desintegran o se juntan, estén muy relacionadas con alguna expresión, del orden que produce la entropía, un misterio que aún no descifro.*

*... Eran como la 1 de la madrugada a finales del mes de agosto del 2019, no podía dormir por lo que decidí salir a caminar, (una simple caminata no podría desencadenar una historia de duelo, pensé después), y de pronto estaba ahí yo caminando, no sabia hacia donde, pero el objetivo era meditar, respirar y hacer algo que me relajara y diera sentido a mi existir. Pase por un estacionamiento muy cerca de una plaza comercial reconocida, en mi camino quedaba un hotel de renombre y lujoso donde las grandes estrellas pasaban su estancia en la ciudad, pensé que seria bueno dar una vuelta por ahí, para eso debía cruzar un pequeño pasillo el cual estaba muy poco iluminado debido a la falta de actividad a esas horas, pero con luz suficiente de los faros que me permitió ver a dos hombre sentados en unas escaleras, pero decidí continuar mi camino y de pronto uno de ellos, de barba y gorra oscura, de misma altura que yo, un poco mas fornido, vestido muy al estilo de los ciudadanos de la ciudad se levanto, se acerco a mi y me pregunto hacia donde iba, y de donde venia, una frase que puede ser tan sencilla como tan profunda, yo le dije que me encontraba caminando de una dirección hacia la otra, mientras el me seguía cuestionando la razón de por que a esas horas andaba yo pasando por ahi y si andaba de malandro, me toma del brazo intentando inmovilizarlo, pero puse fuerza para no dar a torcer el brazo, y le respondí: solo estoy caminando, que quieres? No traigo nada, lo cual no era cierto pues traía una cartera, unas llaves y una bolsa de supermercado en la cual iba rejuntando latas del camino para su reciclaje, le enseñé la bolsa y le dije que era todo lo que traia le dije que si la quería y la arroje a modo de que se distrajera y me soltara pero de pronto con la otra mano que se la lleva atrás de la espalda y saca un arma, eso me hizo pensar el peor de los escenarios, donde el sacara una pistola y me disponía a asaltar o matar, pero para mi sorpresa saco un fierro punzo cortante el cual comenzó a intentar empuñar dentro de mi, de pronto pensé que si aumentaba la entropía, la irreversibilidad sería inminente, mi espíritu de supervivencia hizo que esquivara sus ataques y para soltarme tuve que lanzar una serie de patadas, el me logró soltar y yo caí golpeándome una rodilla con parte de una escalera,*

---

[7]Por ejemplo en el caso de un sistema compuesto de dos cajas comunicantes que contienen una mezcla de nitrógeno e hidrógeno. Si la temperatura del sistema es homogenea, también lo será la distribución del hidrógeno y el nitrógeno, pero si se somete al sistema a una constricción térmica se genera una disipación, un aumento de la entropía, pero también del orden, ya que el hidrógeno predominará en una de las cajas y el nitrógeno en la otra, este fenómeno conocido como antidifusión (véase Figura 11.2 b) [193].

*pero me levante y lo ví y no pensé en seguir aumentando mi fricción, así que me eché a correr, mientras veía que el se acercaba a la bolsa y se enoja al ver que solo era basura.*

*Corrí y caminé hasta un lugar que pude reconocer, era un casino donde un amigo dijo que estaba trabajando, entre para intentar calmarme y pregunte por el, pero me dijeron que trabajaba por las mañanas, me dijeron que si quería dejarle algún recado, pero les dije que no, que solo le dijeran que yo lo vine a buscar, de pronto me dijeron mi nombre, les dije que si, luego pase a retirarme pero me sonó un poco raro que supieran mi nombre, pero no tan raro como para seguir pensando, ¿qué diablos quería el tipo de las escaleras?, ¿por qué el otro tipo nunca se levantó de las escaleras? ¿Era su cómplice o una víctima?, no lo sé. Lo que si sé, fue que llegué a casa y me percaté que mi playera tenía una cortadura cerca del plexo solar, y solo me llene de rabia y furia pensando que aquel tipo lo único que buscaba era asesinarme, pero ¿quién era el? No lo reconocía de ningún lugar, ¿Quién puede tener tanto odio para querer matarme?, me dejo pensando si solo se trataba de una simple persona con problemas o si en realidad habría alguna razón mas elaborada por la que me quisiera matar, algo que involucrara una explicación mas causal, algo que le hubiera echo, en esta o en otra vida, por un momento recordé la historia de Heisenberg y Moe Berg [78]. Pronto vi que había algo que daba sentido a mi existir, debía hacer algo. Pero bueno nada podría ser peor, a no ser que el azar[8] y la entropía dirigieran el rumbo del tiempo...*

## 11.1. COVID 19, y eventos inesperados

*Y bueno, después de todo regresé a casa en la ciudad donde mi padre estaba, y derrepente en un abrir y cerrar de ojos todo marchaba tranquilo mientras comenzaba el año 2020, pero poco a poco la evolución y el caos parecían perseguirme, pero no por mi culpa, era todo un movimiento, donde una crisis internacional económica cayó, y por si fuera poco el virus nombrado COVID-19 esparció una pandemia que puso en cuarentena varios meses a todos los países comenzando por China, Italia, España, Francia, Estados Unidos,... y claro México. La entropía de los sistemas económicos y de salud parecía un peligro para la humanidad. Lo bueno es que no era tan grave como en pandemias anteriores y almenos mi sentimiento de que no todo iba bién ya no era solo mío como si desde antes los acontecimientos pasados me mandaran mensajes del futuro próximo, pero era difícil de esperar, después de todo lo que el 2020 prometía, nunca esperamos lo peor. Lo malo es que no se le veía fin a este acontecimiento y se tenía que vivir en una "nueva normalidad" con un enemigo más, casi invisible, acechandonos a nuestro*

---

[8]El azar esta presente en la vida y tenemos que aprender a convivir con el [180].

*alrededor e imposibilitando actividades económicas, educativas, sociales y de todo tipo; donde la única salvación recaía en las nuevas herramientas tecnológicas tanto de comunicación como sanitarias para la cual se tendrían que desarrollar con la precariedad de las inversiones en la ciencia de un país tercermundista...*

Y ¿cómo se manifestaría la entropía a nivel global en esta nueva era? Nadie lo esperaba, parecía que se avecinaba una tercera guerra mundial entre EE.UU. e Irán[9] o quizá entre EE. UU. vs China[10] o entre EE.UU. vs Corea del Norte[11], pero como si de un efecto de mariposa se tratara, un simple aleteo lo cambio todo, pero esta vez pareciera que no fue el de una mariposa, si no el de un murciélago[12]. En diciembre de 2019 hubo un brote epidémico de neumonía de causa desconocida en Wuhan, provincia de Hubei, China; el cual, según afirmó más tarde, llegó a afectar a más de 60 personas el día 20 de ese mes [196]. Según el Centro Chino para el Control y Prevención de Enfermedades (CCDC), el 29 de diciembre un hospital en Wuhan admitió a 4 individuos con neumonía, quienes trabajaban en un mercado de esa ciudad. El hospital informó esto al CCDC, cuyo equipo en la ciudad inició una investigación. El equipo encontró más casos relacionados al mercado y el 30 de diciembre las autoridades de salud de Wuhan comunicaron los casos al CCDC. El 31 de diciembre, el Comité de Salud Municipal de Wuhan informó a la Organización Mundial de la Salud (OMS) que 27 personas habían sido diagnosticadas con neumonía de causa desconocida, habiendo 7 en estado crítico; la mayoría de estos casos eran trabajadores del mencionado mercado.

El 5 de enero de 2020, un equipo del Centro Clínico de Sanidad Pública de Shanghái consiguió secuenciar el ARN del nuevo virus. Este logro se mantuvo en secreto hasta que, seis días después, unos investigadores lo filtraron a varios sitios web. Este acto permitió a la comunidad internacional comenzar a desarrollar tests y vacunas para el virus, y sus responsables fueron

---

[9]El viernes 3 de enero del 2020, los EE.UU. llevó a cabo un ataque aéreo con aviones no tripulados tras una serie de ataques orquestados a las bases de la coalición en Irak en los últimos meses y ataques a la embajada de EE. UU., en Bagdad, todo ello bajo las órdenes del General Soleimani, comenzando así una discusión entre Irán y EE.UU. [194].

[10]La relación entre EE.UU. y China ha sido particularmente tensa en los últimos años. En la actualidad, las dos economías más grandes del mundo están atrapadas en una amarga batalla comercial. La disputa, que ha estado en ebullición durante casi 18 meses, ha llevado a los Estados Unidos y a China a imponer aranceles de los bienes de la otra parte por un valor de cientos de miles de millones de dólares. El presidente Trump lleva mucho tiempo acusando a China de prácticas comerciales desleales y de robo de propiedad intelectual, mientras que en China existe la percepción de que los Estados Unidos se esfuerzan por frenar su ascenso como potencia económica mundial.

[11]Las tensiones entre los dos paises son ahora tan altas como en cualquier momento desde 2017, y la inminente elección de EE.UU. podría poner en peligro aún mas las relaciones.

[12]El agente ausal de la COVID-19 es el virus (SARS-CoV-2), que es un tipo de Orthocoronavirinae. Parece tener un origen zoonótico, es decir, que pasó de un huesped animal (un murciélago) a uno humano [195].

castigados con el cierre de su laboratorio [196].

El 7 de enero de 2020 los científicos chinos habían aislado el virus causante de la enfermedad, y realizaron la secuenciación del genoma. Esta secuenciación estuvo disponible para la OMS el 12 de enero de 2020, permitiendo a los laboratorios de diferentes países producir diagnósticos específicos vía pruebas de PCR [197].

El 12 de enero del 2020, las autoridades chinas habían confirmado la existencia de 41 personas infectadas con el nuevo virus, quienes comenzaron a sentir síntomas entre el 8 de diciembre del 2019 y el 2 de enero del 2020[13].

Ese mismo día, la Organizacion Mundial de la Salud (OMS) recibió el genoma secuenciado del nuevo virus causante de la enfermedad y lo nombró temporalmente 2019-nCoV[14] [198].

La rápida expansión de la enfermedad hizo que la Organización Mundial de la Salud, el 30 de enero de 2020, la declarara una emergencia sanitaria de preocupación internacional, basándose en el impacto que el virus podría tener en países subdesarrollados con menos infraestructuras sanitarias.

La OMS anunció el 11 de febrero del 2020 que COVID-19[15], sería el nombre oficial de la enfermedad. El nombre es un acrónimo de coronavirus disease 2019.

El 11 de marzo la enfermedad se hallaba ya en más de 100 territorios a nivel mundial, y fue reconocida como una pandemia por la OMS [199]. El número de casos confirmados continuó creciendo alcanzando el 26 de marzo del 2020, un total de 500 mil casos a nivel mundial [200].

Apesar de que la OMS, publicó medidas preventivas para reducir la transmisión del virus, las cuales incluyen: lavarse las manos con agua y jabón, al toser o estornudar, cubrirse la boca y la nariz, mantener al menos un metro de distancia de otras personas, evitar tocarse los ojos, la nariz y la boca, ir al médico en caso de fiebre, tos y dificultad para respirar, y permanecer en casa [201]; la transmisión continuó.

Así la pandemia ha tenido un efecto socioeconómico disruptivo. Se han

---

[13]Los cuales incluían: fiebre, malestar, tos seca, dificultad para respirar y fallos respiratorios; también se observaron infiltrados neumónicos invasivos en ambos pulmones observables en las radiografías de tórax. El periodo de incubación, es decir el tiempo que transcurre desde que una persona se infecta por el virus hasta que presenta síntomas, oscila generalmente entre los 4 y los 7 días, en el 95 por ciento de las ocaciones es menor a 12.5 días.

[14]Del inglés 2019 novel coronavirus (nuevo coronavirus), mientras que la enfermedad era llamada infección por 2019-nCoV en documentos médicos.

[15]También conocido como enfermedad por coronavirus e incorrectamente como neumonía por coronavirus, es una enfermedad infecciosa causada por el virus SARS-CoV-2. Produce síntomas similares a los de la gripe, entre los que se incluyen fiebre, tos seca, disnea, mialgia y fatiga. En casos graves se caracteriza por producir neumonía, síndrome de dificultad respiratoria aguda, sepsis y choque séptico que conduce a cerca de 3.75 por ciento de los infectados a la muerte según la OMS. No existe tratamiento específico; las medidas terapéuticas principales consisten en aliviar los síntomas y mantener las funciones vitales.

Figura 11.2: Mapa de la pandemia COVID-19, a fecha del 01 de julio de 2020 [202].

cerrado colegios y universidades en más de 124 países, lo que ha afectado a más de 2200 millones de estudiantes. Un tercio de la población mundial se encuentra confinada, con fuertes restricciones de movimientos, lo cual ha conducido a una reducción drástica de la actividad económica y a un aumento paralelo del desempleo. Se han desatado maniobras de desinformación y teorías conspirativas sobre el virus, así como algunos incidentes de xenofobia y racismo contra ciudadanos chinos y de otros países del este y sudeste asiático. Debido a la reducción de los viajes y al cierre de numerosas empresas, ha habido un descenso en la contaminación atmosférica.

Sin embargo existieron eventos más trágicos como el ocurrido la tarde del 4 de agosto del 2020 en Beirut Libano, donde al inicio se escucharon detonaciones de tipo fuegos artificales, arrojando una bola de fuego naranja hacia el cielo, y de pronto un gran estruendo, seguido de una onda expansiva de humo, cuya onda de choque devastó a un radio de 10 km, matando al menos 220 personas, más de 5000 heridos y dejando un estimado de 300000 personas sin hogar [203], la explosión fué causada por un cargamento de 2750 toneladas de Nitrato de Amonio que fue confiscado desde el 2014 cerca del puerto, así la vida nos demuestra cuán trágica, inesperada y complicada puede ser la vida y el flujo del tiempo[16].

---

[16]El autor con este párrafo quiere advertir del peligro que puede causar el mal manejo o descuido de materiales para la fabricación de cualquier tipo de fuegos artifiales.

# 12

# ¿Y ahora? ¿hacia donde vamos?

> El presente está donde la incertidumbre de los eventos se transforma a lo cierto, la intención cambia el futuro; el pasado esta fijo por siempre y no puede ser cambiado
>
> G. Ellis

*-Hell October!*
*-ahora os mostráis*
*-¡ah! morras así,*
*-Collete Bohr ha de amar risos,*
*-¿Ahora risos Tomás?,*
*-si ahorras átomos,*
*- há amor, risas*
*-m, ¿hora sí Sara?,*

*El brother Col.*

*La curiosidad y la ociosidad humana hará que intentemos cosas nuevas para divertirnos, solo hay que tener cuidado con la irreversibilidad, ¿Tu nombre escribe historias? o ¿la historia dice tu nombre?*

Así como las manecillas del reloj que recorren los doce números de la carátula y luego vuelven a empezar el ciclo, así también parece moverse la vida, así como los electrones en los átomos[1] y los planetas en el sistema

---

[1] De acuerdo con el modelo atómico de Bohr establece que los electrones orbitan en orbitas circulares alrededor del núcleo, sin embargo Erwin Schrödinger estableció que realmente mente lo hacen alrededor de una nube de probabilidad, pues realmente no podemos saber con exactitud la posición y el momento de los electrones, mas tan solo su probabilidad.

solar. Las órbitas de los planetas tienen que ser circulares[2], sin ella la vida no existiría, creo que para continuar el viaje hay que regresar, volver a recobrar energía, y de ahí seguir. El concepto de "retorno", no es en el sentido de regreso al pasado, sino más bien como "contracción", "reducción" e incluso "retirada" y "retrospección" sobre sí mismo.

## 12.1. La comunicación y la cuántica

*... Generalmente iba a verla yo solo, después del trabajo por las noches, yo recuerdo siempre una hora en particular, pero le prometí que iría con algunos amigos la próxima vez, y esa vez motivado por la falta de su presencia fuí de imprevisto a visitara con unos amigos, una amiga que era como la hermana mayor que nunca tuve, y un amigo que conocí ese mismo día en una reunión anterior por la muerte de una persona. Ellos notaron mi predilección por ella, pronto las miradas se cruzaron, supongo que lo primero que se pregunto fue cual era mi relación con aquellos amigos, pero sin más convivimos y platicamos, ese día bebí un poco, recuerdo que le regalé un collar y un atuendo peculiar que ella prometió usar la próxima vez que nos viéramos, lo malo de ese día fué que nos tuvimos que retirar pronto, me despedí de ella con una lágrima en los ojos, diciéndole que por eso no iba con amigos, pues luego surgen planes que no se contemplan, ella me despidió con un hermoso e inesperado beso, espero que ella haya comprendido que lo mas importante para mí en ese momento fue el echo haberla visto, y llenado mi corazón de vitalidad aunque bueno tuve que calmarme mentalmente.*

*... Después de tanto escribirnos, otro día inesperado después de salir de un evento en un bar con un amigo, fui a visitarla, le presenté a mi amigo y a él le dije que ella era mi inspiración (nunca le expliqué a detalle el por qué). Le dije que solo venía a saludarla y a verla (aunque mi interior imploraba quedarme), ella se fue, yo terminé mi bebida y nos fuimos. Posteriormente ella me escribió un mensaje de por que me fuí, si me había dicho que solo iba al baño. Yo no quise ceder ese día, quería ser fuerte y consistente con el mensaje. Fué el último día en que la vi en persona, posteriormente nos seguimos escribiendo, hasta el último día en que le envié una foto con "10 amarillas" y le mencioné que quería visitar su ciudad, ese mismo día la entropía parecía saber de mis planes, y perdí mi celular y con ello su número,*

*nuestra única comunicación solo podría ser cuántica por alguna especie de entrelazamiento[3]. Por suerte le mencioné de mi plan para continuar con mi*

---

[2]Elípticas en el sentido estricto de las matemáticas y las leyes de Kepler.

[3]El entrelazamiento cuántico [204] (Quantenverschränkung, originariamente en alemán) es una propiedad predicha en 1935 por Einstein, Podolsky y Rosen [205] en la cual en un estado entrelazado entre dos partículas, operando sobre una de las partículas

*vida profesional y le dije que si funcionaba, la próxima vez que la viera sería para llevármela si así lo deseaba.*

Dicen que si algún día se llega a inventar la máquina del tiempo que haga posible viajar hacia atrás en el tiempo, esta debería de ser una que emita información, pero una información que logre viajar más rápido que la velocidad de la luz, algo que pareciera curioso pues las leyes de la relatividad especial lo prohiben ya que la velocidad máxima es exactamente la de la luz, y si una partícula con masa lograra viajar cada vez más rápido, no podría alcanzar la velocidad de la luz, pues la dilatación de la masa impediría esto, pues, para lograrlo se requeriría de una energía infinita. Pero no es todo, desde hace aproximadamente 100 años[4] existe una teoría que estudia las interacciones de las partículas a pequeña escala, la llamada mecánica cuántica, dentro de ésta, existe una paradoja que permite enviar información que viaje más rápido que la velocidad de la luz, la paradoja EPR[5] [205], el cual consiste en dos partículas que interactuaron en el pasado y que quedan en un estado entrelazado, luego las partículas son separadas en el infinito y dos observadores reciben cada una de las partículas. Si un observador mide la inercia (o piénselo en términos de momento angular o espín) de una de ellas, sabrá cual es la inercia de la otra. Si mide la posición, gracias al principio de incertidumbre y a este entrelazamiento cuántico, puede saber la posición de la otra partícula de forma casi instantánea, lo cuál contradice el sentido común. Esta paradoja está en contradicción con la teoría de la relatividad, ya que aparentemente se transmite información de forma instantánea. Así la paradoja EPR predice un fenómeno de acción a distancia instantánea, pero no permite hacer predicciones deterministas sobre él[6].

Fué hasta el año de 1964 que esto permaneció en el dominio de la filosofía de la ciencia. En este momento John Bell propuso una formulación matemática [206] para poder verificar la paradoja. Bell logró deducir unas desigualdades asumiendo que el proceso de medición en la mecánica cuántica obedecía a las leyes deterministas, y asumiendo la propiedad de localidad. Si Einstein tenía razón, las desigualdades de Bell son ciertas y la teoría

---

se puede modificar el estado de la otra a distancia de manera instantanea (una propiedad de no localidad). Esto habla de una correlación entre las dos partículas que no tiene lugar en el mundo de nuestras experiencias cotidianas.

[4]Desde 1918 hasta mediados de la década de 1920, los trabajos de Max Planck, Schrödinger y Einstein, Así como Bohr, Heisenberg y Pauli, entre otros.

[5]En honor a los proponentes de este experimento mental, Albert Eintein, Boris Podolsky y Nathan Rosen en 1935.

[6]Esto critica dos conceptos cruciales, la no localidad de la mecánica cuántica (la posibilidad de acción a distancia) y el problema de la medición. En la física clásica, medir un sistema es poner de manifiesto propiedades que se encontraban presentes en el mismo (algo determinista). En la mecánica cuántica, constituye un error, pues el sistema va a cambiar de forma incontrolable durante el proceso de medición, y solamente podemos calcular las probabilidades de obtener un resultado u otro.

cuántica es incompleta, si no, las desigualdades serían violadas. Desde 1976 en adelante, se han llevado a cabo numerosos experimentos y todos ellos han arrojado como resultado la violación de las desigualdades de Bell [207]. Esto implica un triunfo para la mecánica cuántica, mas sin embargo aún no se sabe de información que haya podido viajar desde el futuro hacia el pasado, ni mucho menos de los viajes en tiempo hacia el pasado comprobados.

¿Qué tan importante es la comunicación?, al grado de que si un día la pierdes, imagina todo el caos que se desataría. Imagina perder la comunicación que tienes de manera cotidiana, me refiero a que te encuentres sin teléfono móvil, e-mail, skype, vydio, zoom, team viewer, whatsapp, facebook y demás redes sociales o plataformas de comunicación, parece broma, pero la gente se volvería loca y no es de nada más por que yo lo diga, con el problema de la pandémia de la COVID-19, muchos se dieron cuenta de la importancia de la comunicación a distancia. El problema de distancias largas, tiempos cortos y tiempos largos distancias cortas, no solo es un problema de las ciencias de la comunicación y los medios de difusión, también está presente en la Física de Altas Energías, no solo permanece en un problema medición del espacio-tiempo o un problema de unificación a una escala de energías, va más ayá, y en cuanto a desarrollo y tecnología tiene un camino por delante, el problema ahora es la comunicación. Así como la invención de la fibra óptica[7] que se usa tanto para el desarrollo instrumental de la medición de partículas subatómicas y descubrimiento de partículas elementales Así como para las telecomunicaciones, incluido el internet; quizá alguna nueva revolución de la comunicación emergerá en unos 20 años, un buen tema de investigación que debí haberles dejado a mis alumnos de ingeniería en electrónica y sistemas de comunicación, antes de haberme retirado por cuestiones económicas y las políticas abtencionistas del momento. Quizá algo novedoso y futurista en el cual no necesites controlar con las manos o la voz, algo que quizá sea mediante el control de impulsos eléctricos de nuestro cerebro y una especie de entrelazamiento, una especie de "telepatía cuántica", por no agregarle también holográfica quizá aparezca.

## 12.2. El rumbo de la ciencia

Algunos dicen que el futuro no está determinado hasta que ocurre[8]. Esencialmente los modelos realísticos del universo, excepto para la cosmología de grandes escalas son no deterministas, tal como se platicó sobre la mecánica

---

[7] La fibra óptica es una fibra flexible, transparente, hecha al embutir o extruir vidrio o plástico en un diámetro ligeramente más grueso que el de un cabello humano. Esta se invento por experimentos que realizó el físico Narinder Singh Kapany en 1952, apoyándose en estudios de John Tyndall.

[8] Esto debido a: ecuaciones de estado que dependen del tiempo, incertidumbres cuánticas que pueden amplificarse a la escala macroscópica, estadística, errores experimentales, fluctuaciones clásicas amplificadas por sistemas caóticos o la ocurrencia de catástrofes [20].

Figura 12.1: En un futuro quizá los niños podrán usar dispositivos que no tendremos idea como funcionarán.

cuántica.

Si bién es cierto que no es posible el viaje al pasado, ni se ha descubierto evidencia científica y real de envío de información al pasado, también es cierto que en la ciencia existen muchos modelos estadísticos, más recientemente asociados con algorítmos de predicción basados en aprendizaje automatizado[9] (ML, del inglés Machine Learning [208]) e Inteligencia Artificial[10] (AI, del inglés Artificial Intelligence [209]), donde haciendo aprender a las computadoras y mediante una gran muestra de datos, intentan predecir el comportamiento en el futuro de alguna correlación de mediciones de algún fenómeno físico, como es el caso de las predicciones de contagios de la COVID-19, y el punto en que la pandemia se terminará, algo que sabemos por experiencia, resulta difícil de predecir, debido a comportamientos principalmente humanos de tipo fluctuantes y caóticos, más sin embargo algo que también podría intuir una especie de instinto humano adquirido por el aprendizaje de las experiencias pasadas.

¿Pero hacia donde va la ciencia? En general no sabemos, con esto de los problemas globales, la pandémia del COVID-19, la crisis financiera mundial, y las políticas del momento, es difícil decir hacia donde vá la ciencia. Pare-

---

[9]Denominado así en 1959 por Arthur Samuel, un americano trabajador de IBM y pionero en el campo de los juegos de computadora y la inteligencia artificial.

[10] El campo de la investigación en AI nace en un Workshop en el colegio de Dartmouth en 1956, donde el término Inteligencia Artificial fue dado por John McCarthy, para distinguir el campo de la cibernética de Norbert Wiener.

ciera que toda la inversión se dirige a resolver problemas de salud pública, pareciera que los grandes laboratorios tienen preferencias a estudiar un agente biológico y una vacuna, que el estudio de la materia, aunque ya hay planes para el Colisionador Circular del Future (FCC, del inglés Future Circular Collider) [210], lo más probable es que todo lo planeado tenga un pequeño retraso de almenos un año.

En lo particular ¿Hacia donde iba mi investigación y mi plan? con entender la respuesta a la pregunta ¿cómo es que las partículas se juntan por su forma, después de producirse en la explosión de aquellos primeros fuegos artificiales?, quizá algo que tendré que platicarlo con aquella misteriosa mujer, si es que el entrelazamiento y la entropía del Universo nos deja reunir de nuevo...

Así entonces antes de cerrar el libro, he de terminar con la tragedia y el misterio que aquejaba mi historia.

*... Y de repente como un día cualquiera se presentó antes mí una serie de eventos en dos días, eventos que posteriormente se me hicieron extraños, pues eran concordantes con eventos que posteriormente aparecerían, pero que no me ocurrían a mi, pero si ocurrirían a otras personas.*

*... Desde esa noche que presentí que alguien fuera de casa estaba a punto de dispararme, pues escuchaba ruidos fuera, a la vez parecía que la casa estaba rodeada, como si un comando armado estuviera esperándome, al asomarme, solo escuchaba voces, pero no había nadie, esa noche no pude dormir, al día siguiente, me levanté para ir con una amiga y un amigo para recuperar un teléfono perdido, hasta entonces la comunicación inmediata para distancias grandes se había perdido[11], y entonces me dirigí caminando por el rio, de repente al cruzar cerca de un centro comercial, escucho como una camioneta se arrancó, giró sobre la calle y se bajan gente armada, por suerte era una patrulla, yo me detuve un momento sorprendido y volteé atrás, no había nadie, pero al parecer esperaban a alguien que no era yo, al escuchar que hablaban por radio mencionando que estaban en posición, avance y un señor que estaba adelante me dijo que si no escuche la balacera, le mencioné que no, pero no quise interrumpir mi camino y seguí adelante, pude presentir que había dos tipos de gente buscando a alguien que por un momento pensé que era yo, no dude más y tome el transporte público, llegue a la casa de la amiga y esperamos al otro amigo.*

*... Luego salimos por la tarde a buscar a la persona, se hizo noche y pues no dimos con la persona, en eso tuvimos que pasar la noche en un lugar donde habían máquinas traga monedas, mientras amanecía y encontrábamos a*

---

[11]"Tiempos cortos escalas largas, escalas cortas tiempos largos", un problema que nos recuerda frases como "tan cerca y tan lejos, o tan lejos y tan cerca".

*la persona. Posteriormente como eso de la madrugada mis dos amigos se tuvieron que ir diciéndome que no tardaban, que irían por dinero que se les terminó y que regresaban por mi, yo no me moví del asiento, pensando que no tardarían demasiado, (mientras me distraía pensando en problemas de la ciencia[12]), pero no fue así, si no hasta como en la mañana, no tenía forma alguna de comunicarles que me retiraba de la misión, por lo que lo único que me quedaba era creer. Durante esa noche yo veía que alguien sentado en la entrada vigilaba la puerta, pero se durmió un rato, cuando despertó me di cuenta que traía un cuchillo como protección supongo, todo fue raro ese día, pero si de algo estaba seguro, era que por menos que los conociera, nunca intentaron molestarme, y al contrario parecía como si la misma gente brindara su protección.*

*...Ya por la mañana llegaron mis amigos y me preguntaron que como la pase, yo les contesté que me sentí protegido, pero que sentía que pasaban cosas raras, en un rato igual mi amigo y yo nos desconcertamos por otro evento, un chico entro pidiendo cigarros, al entrar al baño se escuchó una plática, el intento salir, cuando se vio que alguien lo jalo por detrás impidiéndole salir, se escucharon golpes, luego lo sacan por la puerta delantera, se escuchan de nuevo un conflicto, en cinco minutos el chico vuelve a entrar pero se veía algo asustado, no supimos que pasó, pero pareciera que era inocente, de lo que fuera que haya sido el motivo de su susto.*

*Mientras mi amiga seguía jugando en una máquina traga monedas, mi amigo y yo nos percatábamos de otros eventos, una chica entra y se hace notar por todos, entró y puso una serie de canciones en la rocola y lo que yo me percaté era que trataba de insinuarme algo, decía que se parecía a aquella persona con los mismos rasgos físicos y sentimentales, pero no era aquella mujer de mis sueños, algo que solo yo podría saber y sentir, de repente vi que se molestó, como si supiera que no le estaba haciendo caso, obviamente la comunicación era indirecta, y no sabíamos a quien le hablaba, luego entre música y un par de cervezas, mi amigo se levanta, va al baño, me ve y me dice algo, que solo llegué a interpretar como "yo si la quería", no comprendí el contexto pero me hizo pensar en cosas de mi vida, entre las canciones y mis sentimientos hacia aquella persona especial, pronto escuché las pláticas de los otros, hablaban de que ellos podían darle trabajo a cualquiera, hablaban que ellos podrían organizar una boda, hablaban que dentro de ellos se encontraba un artista, tantas frases llegaban a mi cabeza, que solo me revolvían mis ideas y me hacían pensar de una manera conspiranoica, cuando regreso mi amigo me dijo que no se sentía seguro y que quería salir un rato a sentarse en la banqueta, en eso va entrando un tipo con sombrero y de traje, así como con*

---

[12] A mi mente llego el problema de los monos que tecleaban aleatoriamente una máquina de escribir, y que se decía que si los dejabas un largo tiempo, probablemente escribirían una obra de Shakespeare, algo irónico para el momento de esa vez como para el momento de escritura de este libro.

*un libro, el decía que era ingeniero y que tenía la biblia entre sus manos (un libro de ciencia que no me interesó ver el título), le hablo a una chica que estaba enfrente diciéndole que la venganza no era buena, fue algo raro, luego se retiró, le dije a mi amiga que ya me quería ir, salí y fui a ver a mi amigo afuera, el estaba sentado pero hablaba por teléfono, luego me ve y me dice que no se sentía bien, que sentía que algo le iba a pasar. En eso le comenté que le diría eso a mi amiga y que ya nos iríamos, entre y vi discutiendo a la amiga con la chica a la que el dichoso ingeniero le dirigió la palabra, interrumpí su discusión y le comenté que ya nos íbamos, y que mi otro amigo esperaba afuera, en eso le dije a la chica que me acompañara por que quería hablar con ella, salimos y le comenté algunas cosas que me sucedían y que quería entender si lo que pensaba yo era correcto, al final le dije que era mejor estar en paz que hacer todo un show, ella concordó que nunca tuvo la intención de armar conflicto alguno, por suerte toda mi teoría de conspiración parecía ser una idea de mi mente.*

*... Regresamos al mismo lugar donde deje a los amigos y para mi sorpresa no estaban, entonces lo que se me ocurrió fue regresar a casa, de camino sentía como si me hubiera librado de un rapto, algo loco, pero creo que se debía al tiempo tan largo que pasé fuera, además que esa noche no pude conciliar el sueño por seguridad mía, en el trayecto también sentí como si pudiera leer el pensamiento de la gente unos parecían estar a favor de mis acciones y otros en contra como si una encuesta se realizara por alguna acción que hice en esa liberación de mi presunto rapto, sentí que otros podían ver mi intención de que el amor era lo mejor para todos. Llegué a casa y parecía que todo estaba bien, no me sentí vigilado como hacía dos noches, de repente escuché un ruido me sorprendí, luego me dí cuenta que era el mismo gato que varias noches rondaba la casa, eso me hizo pensar que el fué el culpable de mi susto esa vez, todo se tranquilizó más, pero aún me sentía amenazado como si algo me dijera que huyera del lugar, mas sin embargo no quería dejar ese sueño inconcluso.*

*Unos días más tarde hablé con un amigo quien me recomendó dejar la ciudad, y que esperara a que todo se acomodara a mi favor y que volviera a renacer como el fénix, y entonces le hice caso, nunca recuperé mi teléfono, pero estuvo bien, después de todo lo que ocurrió la semana siguiente, una balacera entre dos bandos con algunos civiles muertos, una persecución, una liberación, un acto de paz invocando al amor, críticas a favor y en contra, y solo faltaba un plan de boda, (del cual me fui enterando unas semanas mas tarde), y una oferta de trabajo. Todo esto me dejó pensando demasiado. Todo parecía indicar que estaba pasando todo lo que sentía que me ocurría aquella vez en la búsqueda de un teléfono, en principio una simple historia de un día de vago, pero alusivo a un hecho histórico. Un instinto de haber recibido información de un futuro no muy lejano...*

# 13

# Epílogo

> Toma riesgos,
> si ganas, serás más feliz,
> si pierdes serás mas sabio,
> evita el hubiera.

*Como huir de tu destino*
*si es el que te persigue a todos lados*
*el que en algún futuro no muy lejano te atrapará,*
*si este es el único camino que obtendrás*
*y no podrás escapar de él,*
*tomes la vereda que tomes,*
*este siempre estará ahí al final,*
*esperandote sin prisas,*
*por que él sabe que algún día llegarás.*
*Sarahí Ramos.*

Esta visión representa el final de la historia de nuestro Universo, donde todas las elecciones han sido hechas y todas las historias alternativas han sido elegidas. Como lo indica el bello poema escrito al inicio, una posibilidad es que el destino ya está escrito por algún proceso cíclico del Universo, y entonces esto explica por que no me toca a mí escribir esta parte, no podré asegurarle al lector cual será el tema en que acabó nuestra aventura si acaso acabara, lo cual me hace evocar ese epígrafo del capítulo 4: "Todo tiene un comienzo y un final al menos hasta donde creemos saber, pero si en realidad no hay comienzo, ¿habrá entonces un final?". Tampoco puedo asegurarle que no acabará pues esto haría evocar el echo de la medición, algo que la mecánica cuántica se encargaría de cambiar el resultado. La otra posibilidad es que pueda yo escribir el destino, pero eso me regresaría al capítulo 12, donde te puedo decir hacia donde vamos, pero no puedo asegurarte si ahí estaremos, por lo que entonces sería más fácil que este epílogo lo escribiera el lector en el momento de su lectura cuando lleguen a las líneas en blanco, imaginando qué pasará. Sin más que poderte contar, me despido con un "hasta pronto" esperando que te hayas divertido leyendo las locuras de este tu escritor.

Cuadro 13.1: Aquí van sus notas.

# Bibliografía

[1] Darkest manmade substance, https://www.guinnessworldrecords.com/world-records/darkest-manmade-substance/

[2] John Berkeley. The Principles of Human Knowledge. https://www.earlymoderntexts.com/assets/pdfs/berkeley1710_2.pdf Early Modern Texts. Retrieved May 21, 2019.

[3] Immanuel Kant, Crítica de la razón pura, London: Macmillan, 1933. A491, B.

[4] M. Planck. Naturlische Masseinheiten. Der Koniglich Preussischen Akademie Der Wissenschaften, p. 479, 1899.

[5] Goldstein, Herbert (1980). Classical Mechanics (2nd ed.). San Francisco, CA: Addison Wesley. pp. 352–353. ISBN 0201029189.

[6] Landau, L. D.; Lifshitz, E. M. (1973). Teoría clásica de los campos 2 (2ª edición). Reverté. ISBN 8429140824

[7] J. D. Barrow, Teorías del todo: hacia una explicación fundamental del universo. Editorial Crítica, 1994, ISBN 978-84-7423-609-5

[8] S. Weinberg, El sueño de la teoría final: la búsqueda de las leyes fundamentales de la naturaleza, Crítica, 2003, ISBN 8484324575

[9] Robinet, Isabelle. 2008. Wuji and Taiji, Ultimateless and Great Ultimate, in The Encyclopedia of Taoism, ed. Fabrizio Pregadio, Routledge, pp. 1057–9.

[10] Insider, These side-by-side photos show real and fake Rolex watches - can you spot the counterfeit? https://www.insider.com/pictures-show-real-and-fake-rolex-watches-and-70-of-people-cant-tell-the-difference-2017-11

[11] Ricardo Ibarlucía, Alexander G. Baumgarten, Estética breve prólogo, selección, traducción y notas, CIF Excursus, 2014

[12] Mag Lab World Records. Media Center. National High Magnetic Field Laboratory, USA. 2008. Retrieved 2015-10-24.

[13] S.M. Brewer, J.S. Chen, A.M. Hankin, E.R. Clements, C.W. Chou, D.J. Wineland, D.B. Hume, and D.R. Leibrandt, Al$^+$ Quantum-Logic Clock with a Systematic Uncertainty below $10^{-18}$, Phys. Rev. Lett. 123, 033201, Published 15 July 2019

[14] Poincaré, Henri, "La mesure du temps" (1898), Revue de métaphysique et de morale 6: 1-13, Poincaré, Henri, "The Measure of Time" (1913), The Foundations of Science (The Value of Science), New York: Science Press.

[15] Albert Einstein, On the electrodynamics of moving bodies. June 30, 1905 http://www.fourmilab.ch/etexts/einstein/specrel/www/

[16] Feynman, Richard P. Leighton R, and Sands M. The Feynman Lectures on Physics: Volume 1. Reading, The special theory of relativity, Massachusetts: Addison-Wesley. http://www.feynmanlectures.caltech.edu/I toc.html

[17] Lorentz, H. A. (1904). Electromagnetic phenomena in a system moving with any velocity smaller than that of light. Huygens Institute - Royal Netherlands Academy of Arts and Sciences (KNAW). 6: 809-831. https://www.dwc.knaw.nl/DL/publications/PU00014148.pdf

[18] A Determination of the Deflection of Light by the Sun's Gravitational Field, from Observations Made at the Solar eclipse of May 29, 1919. Consultado el 28 de mayo de 2018, https://royalsocietypublishing.org/doi/pdf/10.1098/rsta.1920.0009

[19] Broad, C. D., 1923, Scientific Thought, New York: Harcourt, Brace and Co.

[20] George Ellis: Physics in the real universe: time and spacetime, Gen.Rel.Grav. 38 (2006) 1797-1824, DOI: 10.1007/s10714-006-0332-z arXiv:gr-qc/0605049

[21] J. M. E. McTaggart, The Unreality of Time. 1908, Mind 17, pp. 457-474 https://archive.org/stream/mindpsycho17edinuoft#page/457/mode/1up/search/mctaggart

[22] Julian Barbour, The End of Time: The Next Revolution in our Understanding of the Universe. 1999, Oxford Univ. Press. ISBN 0-297-81985-2; ISBN 0-19-511729-8

[23] Julian Barbour, Nature of Time, 2008. http://www.platonia.com/nature _of_time_essay.pdf

[24] Tegmark, Max (mayo de 2003). Parallel Universes. Scientific American. https://space.mit.edu/home/tegmark/multiverse.pdf

[25] Srimad Bhagavatam: Canto 6, Capítulo 16. https://www.vedabase.com/es/sb/6/16/37

[26] Erwin Schrödinger and the Quantum Revolution by John Gribbin: review, https://www.telegraph.co.uk/culture/books/bookreviews/9188438/Erwin-Schrodinger-and-the-Quantum-Revolution-by-John-Gribbin-review.html

[27] Ethan Siegel, Richard Feynman And John Wheeler Revolutionized Time, Reality, And Our Quantum Universe, Nov 24, 2017. https://medium.com/starts-with-a-bang/richard-feynman-and-john-wheeler-revolutionized-time-reality-and-our-quantum-universe-5e6e5fd47cf9

[28] Weinberg, Steven (20 November 2007). Physics: What we do and don't know. The New York Review of Books. https://www.nybooks.com/articles/2013/11/07/physics-what-we-do-and-dont-know/

[29] Greene, Brian (24 January 2011). A Physicist Explains Why Parallel Universes May Exist. npr.org (Interview). Interviewed by Terry Gross https://www.npr.org/2011/01/24/132932268/a-physicist-explains-why-parallel-universes-may-exist

[30] Parallel Worlds: A Journey Through Creation, Higher Dimensions, and the Future of the Cosmos http://www.e-reading.life/bookreader.php/136469/Parallel_Worlds:_A_Journey_Through_Creation,_Higher_Dimensions,_and_the_Future_of_the_Cosmos.pdf

[31] Carr, Bernard (21 June 2007). Universe or Multiverse. p. 19. ISBN 9780521848411.

[32] Woit, Peter (14 June 2015). CMB @ 50. Not Even Wrong. http://www.math.columbia.edu/~woit/wordpress/?p=7812

[33] Ellis, George F. R. (1 August 2011). Does the Multiverse Really Exist?. Scientific American. Vol. 305 no. 2. New York City: Nature Publishing Group. pp. 38–43. doi:10.1038/scientificamerican0811-38 https://www.scientificamerican.com/article/does-the-multiverse-really-exist/

[34] Astronomers Find First Evidence Of Other Universe. technologyreview.com. 13 December 2010.

https://www.technologyreview.com/s/421999/astronomers-find-first-evidence-of-other-universes/

[35] Blow for 'dark flow' in Planck's new view of the cosmos. New Scientist. 3 April 2013. https://www.newscientist.com/article/dn23340-blow-for-dark-flow-in-plancks-new-view-of-the-cosmos/

[36] Planck intermediate results. XIII. Constraints on peculiar velocities. Astronomy & Astrophysics. 561: A97. arXiv:1303.5090

[37] The International System of Units, (9th ed.), Bureau International des Poids et Mesures, 2019, p. 147 https://www.bipm.org/utils/common/pdf/si-brochure/SI-Brochure-9.pdf

[38] Kalinin, M; Kononogov, S (2005), Boltzmann's Constant, the Energy Meaning of Temperature, and Thermodynamic Irreversibility, Measurement Techniques, 48 (7): 632–36, doi:10.1007/s11018-005-0195-9

[39] Hawking, Stephen W. La gran ilusión: las grandes obras de Albert Einstein, p. 52. Grupo Planeta, 2008. En Google Books.

[40] Espacio, tiempo, materia y vacío, Física.ru, vol 3 I-2009, pp 37-71. https://web.archive.org/web/20100214223523/http://www.fisica.ru/dfmg/teacher/archivos/FISICARU_vol3.pdf

[41] Evans, James; Thorndike, Alan S. (2007). Quantum mechanics at the crossroads: new perspectives from history, philosophy and physics. Springer. ISBN 978-3-540-32663-2

[42] https://es.wikipedia.org/wiki/30_de_febrero

[43] Ingstad, Helge; Ingstad, Anne Stine (2000). The Viking discovery of America: the excavation of a Norse settlement in L'Anse aux Meadows, Newfoundland. Breakwater Books. p. 74. ISBN 978-1-55081-158-2.

[44] La fábula del Océano de Leche https://www.sharanagati.org/la-fabula-del-oceano-de-leche/

[45] El océano de leche y la Vía Láctea https://hijodevecino.net/2015/08/12/el-oceano-de-leche-y-la-via-lactea/

[46] Rosalia Allier, La magia de la Física y la Química, Editorial McGraw-Hill, 1994.

[47] https://www.ruhanisatsangusa.org/naam/naam_amrit.htm

[48] Partington, J. R. (1960). A History of Greek Fire and Gunpowder (illustrated, reprint edición). JHU Press. p. 335. ISBN 0801859549

[49] Guinness World Records, Guinness World Records 2018: Meet our Real-Life Superheroes.

[50] https://www.guinnessworldrecords.com/news/2016/11/fireworks-night-top-10-most-explosive-world-records-449882

[51] http://onlyinjapan.tv/japans-biggest-fireworks-shell-story-yonshakudama/

[52] https://www.gob.mx/cms/uploads/attachment/file/269970/1_IMPORTANCIA PIROTECNIA RODARTE.pdf

[53] Ethan Siegel, The Physics Of Fireworks, FORBES, 2016. https://www.forbes.com/sites/startswithabang/2016/07/01/the-physics-of-fireworks/ #3abd19d81eee

[54] Ethan Siegel, The Quantum Physics That Makes Fireworks Possible, FORBES, 2019. https://www.forbes.com/sites/startswithabang/2019/07/04/the-quantum-physics-that-makes-fireworks-possible/#49023f92475c

[55] Carlos Zahumenszky, Cómo funcionan por dentro los fuegos artificiales (y por qué explotan formando esas figuras), GIZMODO, https://es.gizmodo.com/como-funcionan-por-dentro-los-fuegos-artificiales-y-p-1796618771

[56] T. T. Griffiths, U. Krone, R. Lancaster (2017). Pyrotechnics. Ullmann's Encyclopedia of Industrial Chemistry. Weinheim: Wiley-VCH. doi:10.1002/14356007.a22_437.pub2

[57] The chemistry of fireworks, http://www.ch.ic.ac.uk/local/projects/gondhia/lightcolour.html

[58] Monier Monier-Williams, Sanskrit-English Dictionary, (1819-1899) pag 883. https://www.sanskrit-lexicon.uni-koeln.de/cgi-bin/monier/serveimg.pl?file=/scans/MWScan/MWScanjpg/mw0883-ruNaskarA.jpghttps://www.sanskrit-lexicon.uni-koeln.de/cgi-bin/monier/serveimg.pl?file=/scans/MWScan/MWScanjpg/mw0883-ruNaskarA.jpg

[59] Richard G. Hewlett a nd Oscar E. Anderson, The New World, 1939–1946. Vol 1, The History of the United States Atomic Energy Commision, University Park: Pennsylvania State University Press. 1962. ISBN 0-520-07186-7. OCLC 637004643. https://www.governmentattic.org/5docs/TheNewWorld1939-1946.pdf

[60] Jones, Vincent (1985). Manhattan: The Army and the Atomic Bomb (PDF). Washington, D.C.: United States Army Center of Military History. OCLC 10913875. Retrieved 25 August 2013. https://history.army.mil/html/books/011/11-10/CMH Pub 11-10.pdf

[61] "The 2007 Recommendations of the International Commission on Radiological Protection". Ann ICRP. 37 (2–4). paragraph 64. 2007. doi:10.1016/j.icrp.2007.10.003. PMID 18082557. ICRP publication 103.

[62] Anderson, H.L.; Booth, E.; Dunning, J.; Fermi, E.; Glasoe, G.; Slack, F. (16 de febrero de 1939). The Fission of Uranium. Physical Review 55 (5): 511-512. Bibcode:1939PhRv...55..511A. doi:10.1103/PhysRev.55.511.2

[63] Anderson, H.; Fermi, E.; Szilárd, L. (1 de agosto de 1939). Neutron Production and Absorption in Uranium. Physical Review 56 (3): 284-286. Bibcode:1939PhRv...56..284A. doi:10.1103/PhysRev.56.284.

[64] Enrico Fermi, Leo Szilard, NEUTRONIC REACTOR, 1944 US patent US2708656A

[65] Cartas al presidente Franklin Delano Roosevelt de Albert Einstein. E-World. 1997. https://hypertextbook.com/eworld/einstein/

[66] Einstein y la carta que cambió la historia, el 9 agosto, 2010, https://naukas.com/2010/08/09/einstein-y-la-carta-que-cambio-la-historia/

[67] Marcia Bartusiak, The Woman Behind the Bomb, The washington post, 1996 http://www.washingtonpost.com/wp-srv/style/longterm/books/reviews/lisemeitner.htm

[68] Uranium Enrichment. Argonne National Laboratory. https://web.archive.org/web/20070124232415/ http://web.ead.anl.gov/uranium/guide/depletedu/enrich/index.cfm

[69] Hahn, O.; Strassmann, F. Über den Nachweis und das Verhalten der bei der Bestrahlung des Urans mittels Neutronen entstehenden Erdalkalimetalle. (1939) Die Naturwissenschaften. 27 (1): 11–15. Bibcode:1939NW.....27...11H. doi:10.1007/BF01488241

[70] DOE Fundamentals Handbook: Nuclear Physics and Reactor Theory Volume 1, U.S. Department of Energy. January 1993. https://web.archive.org/web/20140319145623/ http://energy.gov/sites/prod/files/2013/06/f2/h1019v1.pdf

[71] Dion, Arnold. Acute Radiation Sickness. Tripod. Retrieved August 12, 2015. http://members.tripod.com/~ArnoldDion/Daghlian/sickness.html

[72] A Review of Criticality Accidents (PDF). Los Alamos Scientific Laboratory. September 26, 1967. https://permalink.lanl.gov/object/tr?what=info:lanl-repo/lareport/LA-03611

[73] Hempelman, Louis Henry; Lushbaugh, Clarence C.; Voelz, George L. (October 19, 1979). What Has Happened to the Survivors of the Early Los Alamos Nuclear Accidents? Conference for Radiation Accident Pre- paredness. Oak Ridge: Los Alamos Scientific Laboratory. LA-UR-79-2802 https://www.orau.org/ptp/pdf/accidentsurvivorslanl.pdf

[74] DOE Fundamentals Handbook: Nuclear Physics and Reactor Theory Volume 2 U.S. Department of Energy. January 1993. https://web.archive.org/web/20131203041437/ http://energy.gov/sites/prod/files/2013/06/f2/h1019v2.pdf

[75] Wolfgang Mittig AND Artemis Spyrou, Nuclear Physics: The Atomic Age was Born 75 Years Ago Today with the First Controlled Fission, Newsweek, 12 feb 2017 https://www.newsweek.com/nuclear-physics-atomic-age-fission-728586

[76] John Holdren and Matthew Bunn, Types of Nuclear Bombs, and the Difficulty of Making Them, 2002 https://web.archive.org/web/20101105035505/ http://www.nti.org/e research/cnwm/overview/technical2.asp

[77] William Tobey (January–February 2012), Nuclear scientists as assassination targets, Bulletin of the Atomic Scientists, 68 (1): 63–64, Bib- code:2012BuAtS..68a..61T, doi:10.1177/0096340211433019

[78] J. C. Ruiz Franco, Werner Heisenberg y Moe Berg, dos vidas cruzadas por la incertidumbre, http://jcruizfranco.es/Werner%20Heisenberg%20y%20Moe%20Berg.pdf

[79] Macrakis, Kristie, Surviving the Swastika: Scientific Research in Nazi Germany. (1993). Oxford University Press. p. 244. ISBN 978-0-19-507010-1.

[80] Coster-Mullen, John (2012). Atom Bombs: The Top Secret Inside Story of Little Boy and Fat Man. Waukesha, Wisconsin: J. Coster-Mullen. OCLC 298514167

[81] Malik, John (September 1985). "The yields of the Hiroshima and Nagasaki nuclear explosions"(PDF). Los Alamos National Laboratory. p. 16. LA-8819 https://web.archive.org/web/20080227053729/ http://www.mbe.doe.gov/me70/manhattan/publications/LANLHiroshimaNagasakiYields.pdf

[82] Kim Kyu-won (February 7, 2013). North Korea could be developing a hydrogen bomb. The Hankyoreh. Retrieved February 8, 2013 http://english.hani.co.kr/arti/english edition/e northkorea/573302.html

[83] Kang Seung-woo; Chung Minuck (February 4, 2013). North Korea may detonate H-bomb. Korea Times. Retrieved February 8, 2013. https://www.koreatimes.co.kr/www/news/nation/2013/02/116 130000.html

[84] Gsponer, Andre (2005). Fourth Generation Nuclear Weapons: Military effectiveness and collateral effects. arXiv:physics/0510071

[85] Andre Gsponer (2008). The B61-based, Robust Nuclear Earth Penetrator: Clever retrofit or headway towards fourth-generation nuclear weapons?. CiteSeerX 10.1.1.261.7309

[86] Teller, Edward; Ulam, Stanislaw (March 9, 1951). On Heterocatalytic Detonations I. Hydrodynamic Lenses and Radiation Mirrors (PDF). LAMS-1225. Los Alamos Scientific Laboratory. Retrieved September 26, 2014. http://www.nuclearnonproliferation.org/LAMS1225.pdf

[87] Hans A. Bethe (April 1950), The Hydrogen Bomb, Bulletin of the Atomic Scientists, p. 99

[88] North Korea claims fully successful hydrogen bomb test. Russia Today. January 6, 2016. Retrieved January 6, 2016 https://www.rt.com/news/328038-north-korea-earthquake-nuclear/

[89] North Korea nuclear H-bomb claims met by scepticism. BBC News. 2016-01-06. https://www.bbc.com/news/world-asia-35241686

[90] North Korea conducts sixth nuclear test, says developed H-bomb. The Doplomat. 3 September 2017. https://thediplomat.com/2017/09/us-intelligence-north-koreas-sixth-test-was-a-140-kiloton-advanced-nuclear-device/

[91] Michelle Ye Hee Lee (13 September 2017). "North Korea nuclear test may have been twice as strong as first thought". Washington Post. Retrieved 28 September 2017. https://www.washingtonpost.com/world/north-koreanuclear-test-maybe-have-been-twice-as-strong-as-first-thought/2017/09/13/19b026d8-985b-11e7-a527-3573bd073e02story.html

[92] Cohen, Sam (2006), F*** You! Mr. President: Confessions of the Father of the Neutron Bomb (PDF), Conrad Schneiker, p. 199. https://web.archive.org/web/20070928093540/ http://www.athenalab.com/Confessions Sam Cohen 2006 Third Edition.pdf

[93] Cohen, Sam (S2015). Shame: Confessions of the Father of the Neutron Bomb (4th ed.) https://web.archive.org/web/20151023234100/ http://www.athenalab.com/Shame_Confessions_of_the_Father_of _the_Neutron_Bomb_Sam_Cohen_2015_Fourth_Edition.pdf

[94] Anne Marie Helmenstine, Ph. D, Neutron Bomb Description and Uses, 2018 https://www.thoughtco.com/what-is-a-neutron-bomb-604308

[95] Effects of blast pressure on the human body (PDF). .https://www.cdc.gov/niosh/docket/archive/pdfs/NIOSH-125/125-ExplosionsandRefugeChambers.pdf

[96] https://web.archive.org/web/20120701224642/ https://council.web.cern.ch/council/en/Governance/Convention.html

[97] https://home.cern/fr/about

[98] Overbye, Dennis (29 July 2008). "Let the Proton Smashing Begin. (The Rap Is Already Written.)". The New York Times. HTML

[99] Simon Singh (2005). Big Bang: The Origin of the Universe (La gran explosión: el origen del universo). Harper Perennial. p. 560. El origen del Universo

[100] Kaku, Michio (2005) El universo de Einstein, página 109. Antoni Bosch.

[101] Yagi, Kohsuke; Hatsuda, Tetsuo; Miake, Yasuo (2005). Quark-Gluon Plasma: From Big Bang to Little Bang. Cambridge monographs on particle physics, nuclear physics, and cosmology. Cambridge: Cambridge Univ. Press. ISBN 978-0-521-56108-2 PDF

[102] Iravatham Mahadevan, How did the 'great god' get a 'blue neck'? a bilingual clue to the Indus Script, https://www.harappa.com/sites/default/files/pdf/Nilakantha-IM.pdf

[103] H. White's, Once and Future King (Berkley, New York,1972)

[104] http://www.meaningslike.com/name-stands-for/yetzelin

[105] Lao Tse, Tao te Ching http://www.tao-te-king.org/ http://usuaris.tinet.cat/elebro/tao/tindice.html

[106] Harold Bloom, Jesús y Yahvé. Los nombres divinos. Taurus, 30 ene. 2006, 248 páginas.

[107] Jesús y Yahvé, dioses rivales, El país, 12 FEB 2006 https://elpais.com/diario/2006/02/12/domingo/1139719962_850215.html

[108] Augustin, J.; et al. Discovery of a Narrow Resonance in $e^+e^-$ Annihilation. Physical Review Letters. 33 (23): 1406-1408. (1974). doi:10.1103/PhysRevLett.33.1406.

[109] Crease, Robert P.; Mann, Charles C. In Search of the Z Par- ticle. The New York Times. Retrieved 2007-10-02, (October 26, 1986). https://www.nytimes.com/1986/10/26/magazine/in-search-of-the-z-particle.html

[110] CERN COURIER, Sparking the November Revolution: Burton Richter 1931–2018, 29 October 2018, https://cerncourier.com/a/sparking-the-november-revolution-burton-richter-1931-2018/

[111] Experimental Observation of a Heavy Particle J. Phys. Rev. Lett. 33 (23): 1404. 1974. doi:10.1103/PhysRevLett.33.1404

[112] http://pdg.lbl.gov/2010/listings/rpp2010-list-J-psi-1S.pdf

[113] F. Halzen, D. Martin, Quarks & Leptons, Ed. John Wiley, 1984, ISBN 0-471-81187-4.

[114] http://cds.cern.ch/record/405007/files/9910468.pdf

[115] J.D. Bjorken, The November Revolution: A Theorist Reminisces, Apr 1985, FERMILAB-CONF-85-058

[116] The November Revolution, Symmetry, 2014, https://www.symmetrymagazine.org/article/november-2014/the-november-revolution

[117] Victor J. Stenger, Is the Universe Fine Tuned for Us, Colorado University, 16 July 2012 https://web.archive.org/web/20120716192004/ http://www.colorado.edu/philosophy/vstenger/Cosmo/FineTune.pdf.

[118] CERN COURIER, A November revolution: the birth of a new particle, 24 November 2004, https://cerncourier.com/a/a-november-revolution-the-birth-of-a-new-particle/

[119] J.D. Bjorken, Energy Loss of Energetic Partons in Quark - Gluon Plasma: Possible Extinction of High p(t) Jets in Hadron - Hadron Collisions, Aug 1982, FERMILAB-PUB-82-059-THY

[120] Sheldon Lee Glashow, Brahe & Oskar Klein Memorial Lecture, 11.12.2017 https://www.brahe.org/l/brahe-oscar-klein-lecture-sheldon-lee-glashow/

[121] ALICE Collaboration, J/$\Psi$ elliptic flow in Pb-Pb collisions at $\sqrt{s}$ = 5,02 TeV, Phys. Rev. Lett. 119, 242301 (2017) DOI:10.1103/PhysRevLett.119.242301 arXiv:1709.05260 [nucl-ex]

[122] https://cerncourier.com/a/the-curious-case-of-the-meson-flow/

[123] T. Matsui, H. Satz, J/Ψ suppression by quark-gluon plasma formation, Physics Letters B Volume 178, Issue 4, 9 October 1986, Pages 416-422, https://doi.org/10.1016/0370-2693(86)91404-8

[124] https://es.wikipedia.org/wiki/Sri

[125] https://en.wikipedia.org/wiki/Sri

[126] https://es.wikipedia.org/wiki/Trimurti

[127] Jan Gonda (1969), The Hindu Trinity, Anthropos, Bd 63/64, H 1/2, https://www.jstor.org/stable/40457085

[128] https://es.wikipedia.org/wiki/Padma-purana

[129] Fred S. Kleiner (2007). Gardner's Art through the Ages: Non-Western Perspectives. Cengage Learning. p. 22 ISBN:978-0495573678.

[130] https://es.wikipedia.org/wiki/Vishnu

[131] Charles Russell Coulter; Patricia Turner (2013). Encyclopedia of Ancient Deities, ISBN 978-1-135-96397-2

[132] Gregor Maehle (2009), Ashtanga Yoga, New World, ISBN 978-1577316695, page 17; for Sanskrit, see: Skanda Purana Shankara Samhita Part 1, Verses 1.8.20-21 (Sanskrit)

[133] Gavin D. Flood (1996). An Introduction to Hinduism. Cambridge University Press. ISBN 978-9004129023

[134] https://es.wikipedia.org/wiki/Laksmi

[135] Hindu Goddesses: Vision of the Divine Feminine in the Hindu Religious Traditions (ISBN 81-208-0379-5) by David Kinsley

[136] https://en.wikipedia.org/wiki/Saraswati

[137] Sankaranarayanan, S. (2001). Glory of the Divine Mother (Devi Mahatmyam). India: Nesma Books. ISBN 81-87936-00-2

[138] https://en.wikipedia.org/wiki/Parvati

[139] William J. Wilkins, Uma Parvati, Hindu Mythology, Vedic and Puranic; Republished 2001 (first published 1882); Adamant Media Corporation; 463 pages; ISBN 1-4021-9308-4.

[140] Sheridan 1986, p. 23 with footnote 17; Source: Bhagavata Purana

[141] Andrea Banfi, Gavin P. Salam, Giulia Zanderighi, Resummed event shapes at hadron-hadroncolliders, JHEP0408:062,2004, DOI: 10.1088/1126-6708/2004/08/062 (2004) arXiv:hep-ph/0407287

[142] Andrea Banfi, Gavin P. Salam, Giulia Zanderighi, Phenomeno- logy of event shapes at hadron colliders, JHEP 1006:038,2010, DOI:10.1007/JHEP06(2010)038 (2010) arXiv:1001.4082 [hep-ph]

[143] Antonio Ortiz, Gyula Bencedi, Héctor Bello, Satyajit Jena, Jet effects in high-multiplicity pp events, DESY-PROC-2016-01, MPI@LHC 2015, 215-219 arXiv:1603.05213 [hep-ph]

[144] Héctor Bello, Arturo Fernandez, Antonio Ortiz, Review of recent results on heavy-ion physics and astroparticle physics in ALICE at the LHC, J.Phys.Conf.Ser. 761 (2016) 1, 012033, DOI: 10.1088/1742-6596/761/1/012033 arXiv:1609.00692 [hep-ex]

[145] Antonio Ortiz, Gyula Bencedi, Héctor Bello, Revealing the source of the radial flow patterns in proton-proton collisions using hard probes, J.Phys.G 44 (2017) 6, 065001, DOI: 10.1088/1361-6471/aa6594 arXiv:1608.04784 [hep-ph]

[146] ALICE collaboration, Event-shape and multiplicity dependence of freeze-out radii in pp collisions at $\sqrt{s}$ = 7 TeV, JHEP 1909 (2019) 108, DOI: 10.1007/JHEP09(2019)108 arXiv:1901.05518 [nucl-ex]

[147] H. Bello Martínez, R.J. Henández-Pinto, I. León Monzón, Spherocity study for $e^+e^-$ Fragmentation Functions using Pythia MC generator, PoS(LHCP2019)050 arXiv:1910.03035 [hep-ph]

[148] ALICE collaboration, Charged-particle production as a function of multiplicity and transverse spherocity in pp collisions at $\sqrt{s}$=5.02 and 13 TeV. Eur.Phys.J. C79 (2019) no.10, 857, DOI:10.1140/epjc/s10052-019-7350-y arXiv:1905.07208

[149] Flegel, I; Söding, P (2004). Twenty-Five Years of Gluons. DESY: Cern Courrier. HTML

[150] von Goethe, Johann Wolfgang (14 de mayo de 2016). Las afinidades electivas. ISBN 9786050438321.

[151] Platón, El banquete, Obras completas, edición de Patricio de Azcárate, tomo 5, Madrid 1871 PDF

[152] Russell, Bertrand (1919). The Study of Mathematics. Mysticism and Logic: And Other Essays. Longman. p. 60. Consultado el 22 de agosto de 2008.

[153] Theodore Andrea Cook, The curves of life. HTML PDF

[154] Luca Pacioli, De Divina Proportione (De la divina proporción, escrito entre 1496 y 1498.

[155] Miramontes, Pedro (abril-junio 1996). La geometría de las formas vivas. Journal, Universidad Autónoma de México (42). PDF

[156] The golden ratio and aesthetics, by Mario Livio. HTML

[157] La música de las esferas: de Pitágoras a Xenakis... y más acá, Apuntes para el coloquio del Departamento de Matemática, Federico Miyara, páginas 14 y 15 PDF

[158] Foster, Hal, ed (1983). The Anti-Aesthetic: Essays on Postmodern Culture. Bay Press.

[159] Patrick T. Komiske, Eric M. Metodiev, and Jesse Thaler, The Hidden Geometry of Particle Collisions, 30 jun 2020. DOI: 10.1007/JHEP07(2020)006 arXiv:2004.04159 [hep-ph]

[160] Fromm, Eric; The Art of Loving, Harper Perennial (1956), Original English Version, ISBN 0-06-095828-6, ISBN 978-0-06-095828-2.

[161] Richard Feynman (1967) The Character of Physical Law. MIT Press. ISBN 0-262-56003-8

[162] Abdus Salam, Nobel Lecture: Gauge Unification of Fundamental Forces https://www.nobelprize.org/prizes/physics/1979/salam/lecture/

[163] D.J. Gross (1999). Twenty Five Years of Asymptotic Freedom. Nuclear Physics B: Proceedings Supplements. 74 (1-3): 426-446. arXiv:hep-th/9809060. Bibcode:1999NuPhS..74..426G. doi:10.1016/S0920-5632(99)00208-X

[164] http://wikifisica.etsit.upm.es/index.php/Nuclear

[165] Emile Boirac, L'avenir des sciences psychiques, Paris: Libraire Féliz Alcan, 1917. https://reader.digitale-sammlungen.de/de/fs1/object/display/bsb11172011_00009.html

[166] H. White's, Once and Future King (Berkley, New York,1972)

[167] Ronald L. Mallett. Time Traveler: A Scientist's Personal Mission to Make Time Travel a Reality. Bruce Henderson. ISBN 9781568583631.

[168] Lense, J.; Thirring, H. (1918). Über den Einfluss der Eigenrotation der Zentralkörper auf die Bewegung der Planeten und Monde nach der

Einsteinschen Gravitationstheorie (On the Influence of the Proper Rotation of Central Bodies on the Motions of Planets and Moons According to Einstein's Theory of Gravitation). Physikalische Zeitschrift. 19: 156–163. Bibcode:1918PhyZ...19..156L.

[169] Mallett, R. L. (2000). "Weak gravitational field of the electromagnetic radiation in a ring láser". Phys. Lett. A. 269: 214. doi:10.1016/s0375-9601(00)00260-7 PDF

[170] Mallett, R. L. (2003). "The gravitational field of a circulating light beam". Foundations of Physics. 33: 1307. doi:10.1023/a:1025689110828. PDF

[171] On the Visualization of Geometric Properties of Particular Spacetimes, Torsten Schönfeld, january 14, 2009. PDF

[172] Stockum, W. J. van (1937). The gravitational field of a distribution of particles rotating around an axis of symmetry. Proc. Roy. Soc. Edinburgh. 57

[173] Andréka, H. et al. (2008).Visualizing some ideas about Gödel-type rotating universes.arXiv:0811.2910.

[174] Nicholas J.J. Smith (2013). Time Travel. Stanford Encyclopedia of Philosophy.

[175] Hawking, S. W.: (1992) The chronology protection conjecture. Phys. Rev. D46, 603-611.

[176] Li-Xin Li: Must Time Machine Be Unstable against Vacuum Fluctuations?. Class.Quant.Grav. 13 (1996) 2563-2568. arXiv:gr-qc/9703024

[177] Polchinski, Joseph (31 de agosto de 2017). Memories of a Theoretical Physicist. arXiv:1708.09093 [hep-th, physics:physics]

[178] Feynman, Richard P. (1948). Space-time approach to non-relativistic quantum mechanics. Reviews of Modern Physics. 20 (2): 367–387. Bibcode:1948RvMP...20..367F. doi:10.1103/RevModPhys.20.367 PDF

[179] Stueckelberg, Ernst (1941), La signification du temps propre en mécanique ondulatoire. Helv. Phys. Acta 14, pp. 322–323.

[180] Gerardo Herrera Corral, El azaroso arte del engaño, Editorial Taurus

[181] Rules for the study of natural philosophy, Newton 1999, pp 794-6, libro 3, The System of the World

[182] Pérez, José Amiel. Las variables en el método científico. Revista de la Sociedad Química del Perú 73 (3). ISSN 1810-634X. Consultado el 26 de julio de 2020.

[183] Gutiérrez, Carlos (2005). Introducción a la Metodología Experimental (1 edición). Editorial Limusa. p. 15. ISBN 968-18-5500-0.

[184] Valbuena, Roiman (9 de julio de 2017). La investigación científica avanzada: los programas de investigación científica, la investigación internivel y el razonamiento artificial. ROIMAN VALBUENA. ISBN 9789801282112.

[185] Patil, Prasad; Peng, Roger D.; Leek, Jeffrey (29 de julio de 2016). A statistical definition for reproducibility and replicability. bioRxiv (en inglés): 066803. doi:10.1101/066803.

[186] Richard Feynman sobre la duda y la incertidumbre, Blog Pedazos de Carbono 01 de octubre 2012 HTML

[187] Wigner, E. P. (1960). The unreasonable effectiveness of mathe- matics in the natural sciences. Richard Courant lecture in mathe- matical sciences delivered at New York University, May 11, 1959. Communications on Pure and Applied Mathematics 13: 1-14. Bibcode:1960CPAM...13. 1W. doi:10.1002/cpa.3160130102.HTML

[188] George Pólya (1954), Mathematics and Plausible Reasoning Volume I: Induction and Analogy in Mathematics,

[189] Clausius, R. (1850). Über die bewegende Kraft der Wärme. Annalen der Physik und Chemie 79: 368-397, 500-524.

[190] Jacob Bronowski. El ascenso del hombre. Bogotá, Fondo Educativo Interamericano, 1979, p. 347, capítulo 10 Ün mundo dentro del mundo".

[191] Cuesta, José A.: La entropía como creadora de orden. Revista Española de Física, 2006, vol. 20, n. 4, p. 13-1 PDF

[192] Revista ¡Despertad! 1999, 22/6

[193] Ilya Prigogine, El nacimiento del tiempo PDF

[194] Excelsior, ¿Puede desatarse una Tercera Guerra Mundial? Aquí te explicamos, 7 enero 2020.

[195] Zhou, Peng; et al. Discovery of a novel coronavirus associated with the recent pneumonia outbreak in humans and its potential bat origin. bioRxiv:2020.01.22.914952. doi:10.1101/2020.01.22.914952

[196] Blanco, Patricia R. (24 de marzo de 2020). Reporteros Sin Fronteras rastrea cómo la censura china contribuyó a expandir el coronavirus. El País. ISSN 1134-6582.

[197] Hui, D. S.; et al. The continuing 2019-nCoV epidemic threat of novel coronaviruses to global health. The latest 2019 novel coronavirus outbreak in Wuhan, China. International Journal of Infectious Diseases 91: 264-266. ISSN 1201-9712. PMID 31953166. doi:10.1016/j.ijid.2020.01.009.

[198] Organización Mundial de la Salud (OMS), ed. (12 de enero de 2020). Nuevo coronavirus - China. www.who.int

[199] Organización Mundial de la Salud (OMS), ed. (11 de marzo de 2020). Alocución de apertura del Director General de la OMS en la rueda de prensa sobre la COVID-19 celebrada el 11 de marzo de 2020

[200] Contagios por coronavirus en el mundo alcanzan el medio millón. El Universal. 26 de marzo de 2020.

[201] Organización Mundial de la Salud (OMS), ed. (2020). Brote de enfermedad por coronavirus (COVID-19): orientaciones para el público. 15 de marzo de 2020.

[202] Mapa del coronavirus en vivo: así avanza el Covid-19 por México y el mundo, MarcaClaro, 01 julio 2020, PDF

[203] Giorgia Guglielmi, Why Beirut's ammonium nitrate blast was so devastating, Nature 10 august 2020, https://www.nature.com/articles/d41586-020-02361-x

[204] John S. Bell, Lo decible y lo indecible en mecánica cuántica, Alianza Editorial

[205] Einstein, A.; Podolsky, B.; Rosen, N. (1935). Can Quantum-Mechanical Description of Physical Reality Be Considered Complete?. Physical Review 47: 777-780. PDF

[206] Bell, J. S. (1964). On the Einstein Podolsky Rosen Paradox. Physics Physique 1 (3): 195–200. doi:10.1103/PhysicsPhysiqueFizika.1.195. PDF

[207] Aspect A (1999-03-18). Bell's inequality test: more ideal than ever. Nature. 398 (6724): 189–90. Bibcode:1999Natur.398..189A. doi:10.1038/18296. PDF

[208] Samuel, Arthur (1959). Some Studies in Machine Learning Using the Game of Checkers. IBM Journal of Research and Development. 3 (3): 210–229. CiteSeerX 10.1.1.368.2254. doi:10.1147/rd.33.0210

[209] McCarthy, John (1988). Review of The Question of Artificial Intelligence. Annals of the History of Computing. 10 (3): 224–229., collected

in McCarthy, John (1996). 10. Review of The Question of Artificial Intelligence. Defending AI Research: A Collection of Essays and Reviews. CSLI., p. 73,

[210] Future Circular Collider: Conceptual Design Report. FCC Study Office. CERN. 2018. Retrieved 15 January 2019. https://fcc-cdr.web.cern.ch/

Figura 13.1: La sombra de la forma de los primeros fuegos artificiales (imagen en portada).

Figura 13.2: La forma sin las sombras de Yetzelin (Imagen portada y contraportada).

Made in the USA
Columbia, SC
09 February 2021